ネットワークでつくる放射能汚染地図

ホットスポット

Hotspot

NHK ETV特集取材班

NHK's "ETV Special" Team of Reporters

講談社

図1_放射能汚染地図（福島県）

研究者、番組スタッフによるネットワークで独自調査されたデータをもとに作成。一点を測定したデータでその周り数キロ四方を塗りつぶす手法ではなく、実際に道路を車で走って連続的な実測値の積み重ねでつくられた

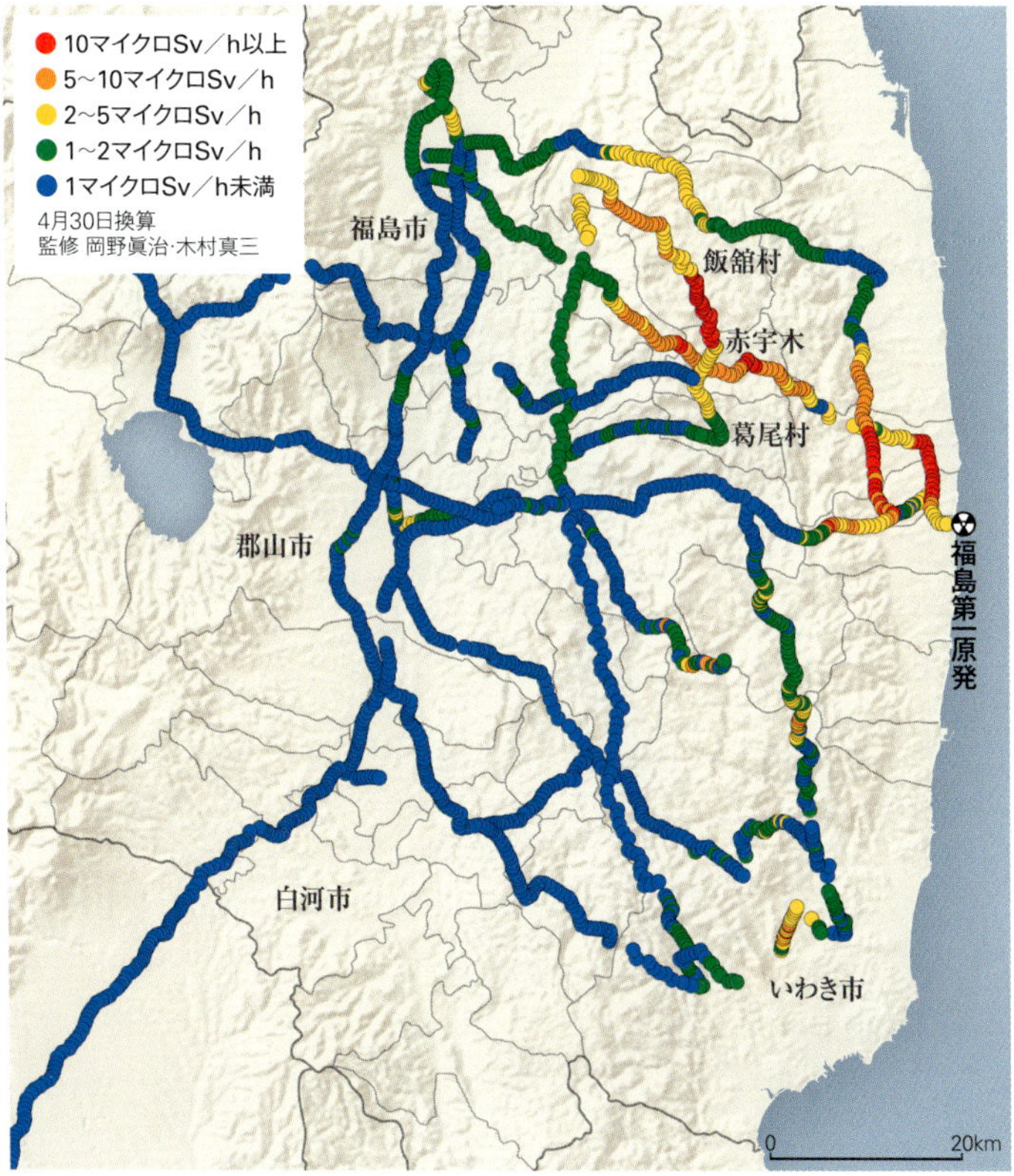

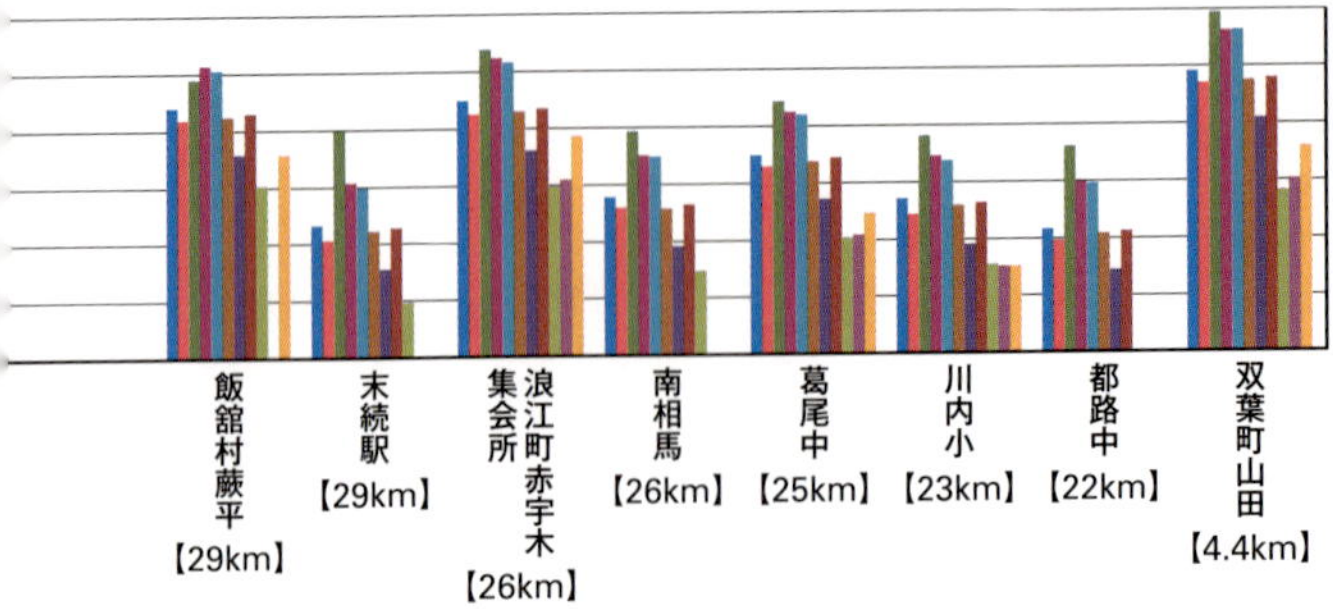
飯舘村蕨平【29km】
末続駅【29km】
浪江町赤宇木集会所【26km】
南相馬【26km】
葛尾中【25km】
川内小【23km】
都路中【22km】
双葉町山田【4.4km】

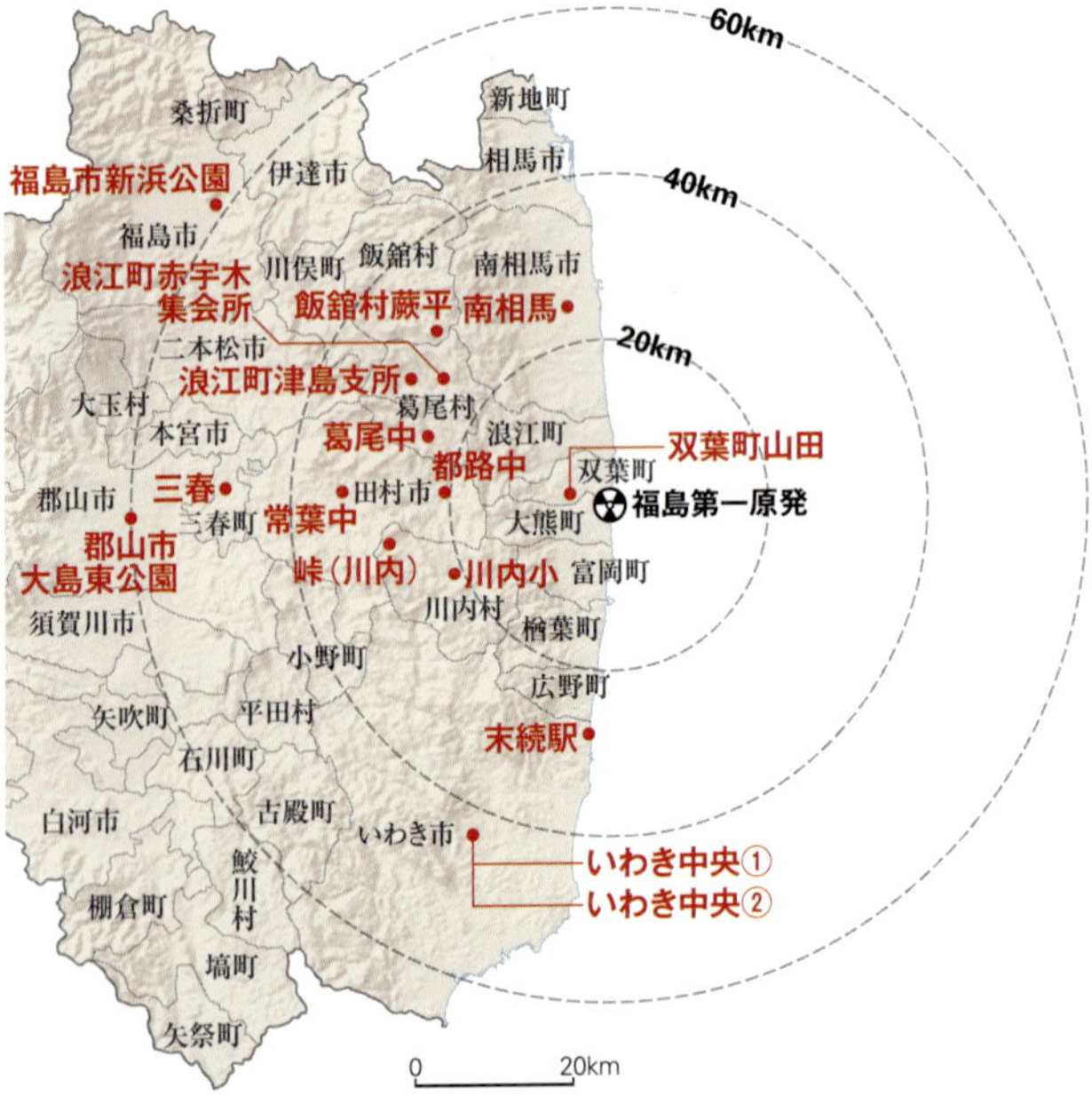
60km
40km
20km
新地町
相馬市
桑折町
福島市新浜公園
伊達市
福島市
川俣町
飯舘村
南相馬市
浪江町赤宇木集会所
飯舘村蕨平
南相馬
二本松市
浪江町津島支所
葛尾村
大玉村
本宮市
葛尾中
浪江町
双葉町山田
都路中
双葉町
郡山市
三春
田村市
福島第一原発
三春町
常葉中
大熊町
郡山市大島東公園
峠（川内）
川内小
富岡町
須賀川市
川内村
楢葉町
小野町
広野町
矢吹町
平田村
末続駅
石川町
白河市
古殿町
いわき市
いわき中央①
いわき中央②
鮫川村
棚倉町
塙町
矢祭町
0
20km

図2＿福島県の土壌(地下5cm)から検出された面積あたりの核種別放射能量

採取したサンプルは京都大学、広島大学、長崎大学、金沢大学などに送られ、それぞれが測定した結果を互いに交換してクロスチェックされた。このグラフは長崎大学環境科学部・高辻俊宏准教授が作成。採取日時がそれぞれ異なるデータを比較可能にするために、半減期を計算してすべて3月15日午後5時の時点の数字に換算されている

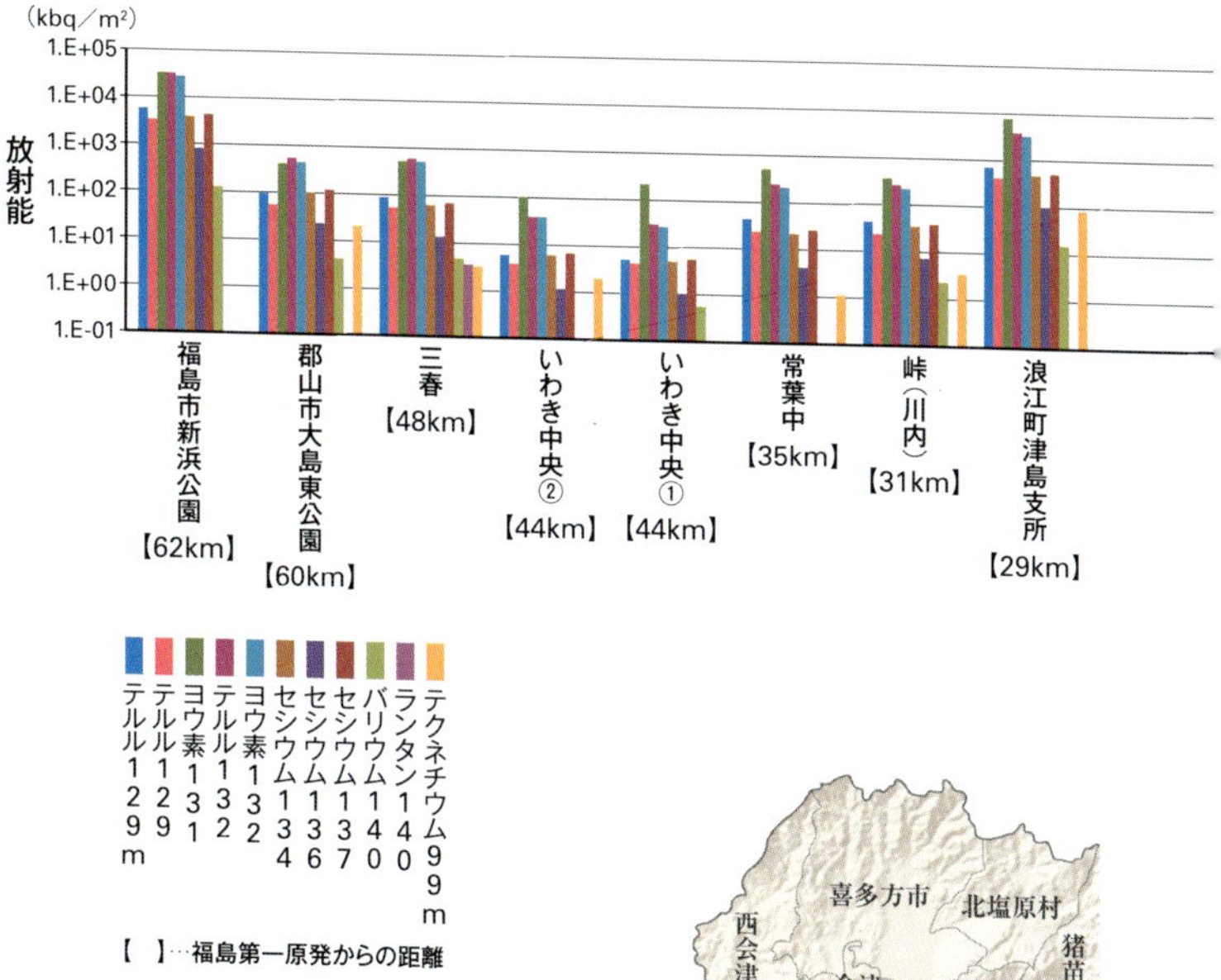

図3_放射能汚染地図（飯舘村）

京都大学原子炉実験所の今中哲二助教、広島大学の遠藤暁准教授らが、3月の末、2日間にわたり村内130地点での空間線量を測定した。そのときのデータをもとに作成

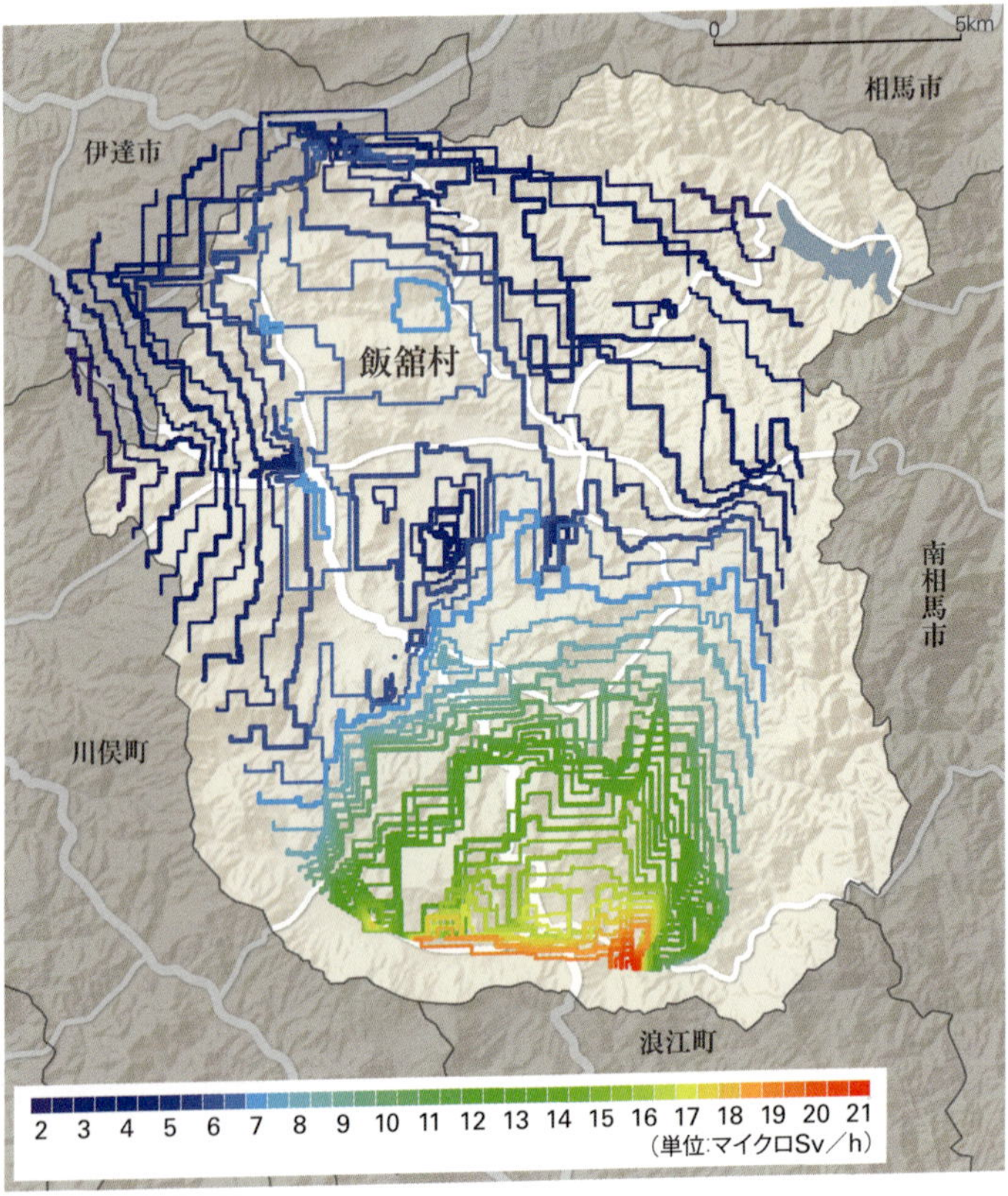

図4_放射能汚染地図(福島市)

調査は岡野眞治博士が製作した測定記録装置で実施された。毎時2マイクロシーベルトを超えるホットスポットが弁天山の裾の渡利地区や信夫山の麓の地域、西部の農業地域などで発見された

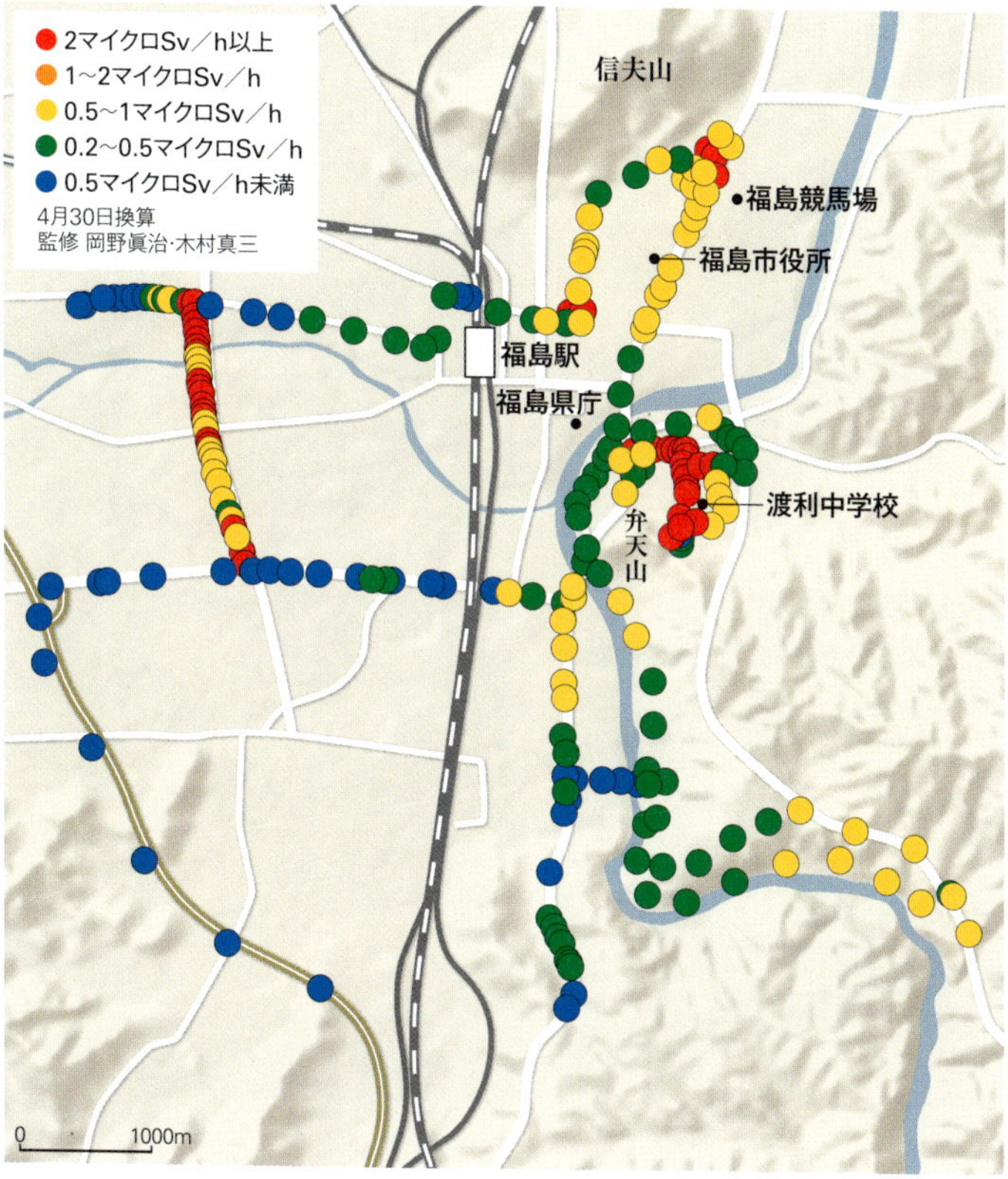

広島大学東広島キャンパス（840km）

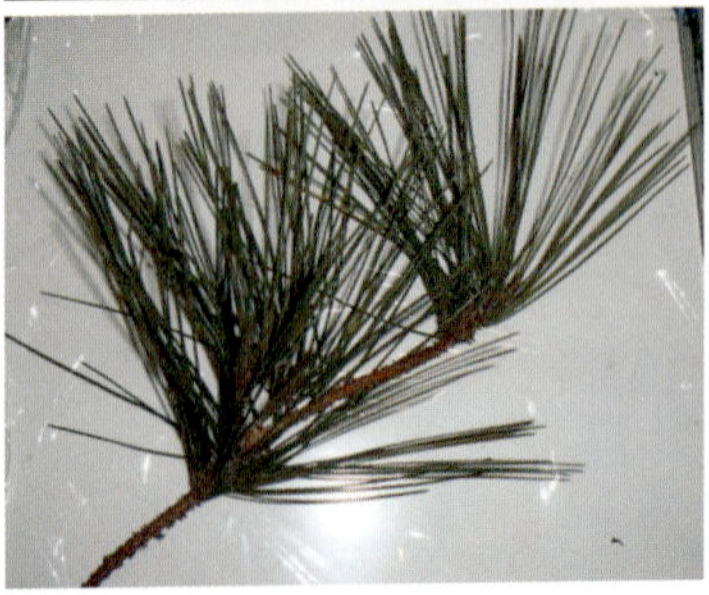

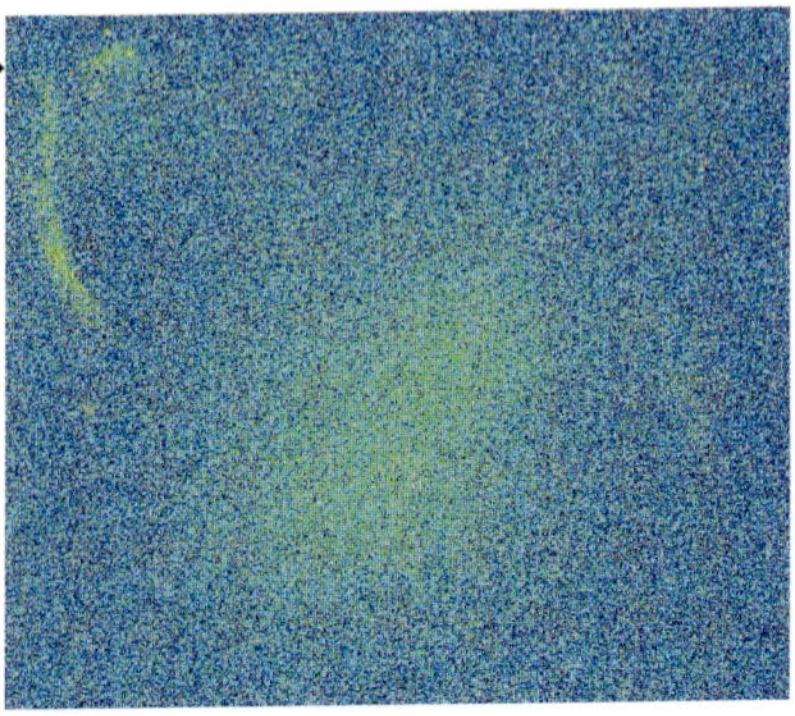

中郷サービスエリア（78km）

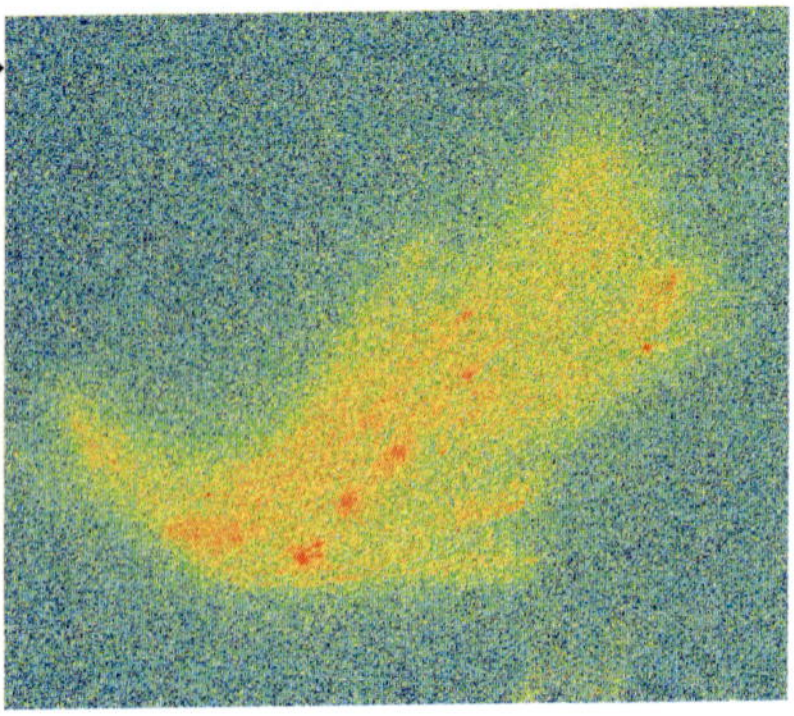

※（　）内は福島第一原発からの直線距離

図5_イメージングプレートで視覚化された放射能

イメージングプレートは松葉などに沈着した放射性物質が放つ放射線の強弱をとらえ、画像化する。福島県などで採取した松葉が広島大学の静間清教授と遠藤暁准教授のもとに運ばれ、画像化された。放射線が強いと黄色に写り、さらに強いと赤色になる

都路中(22km)

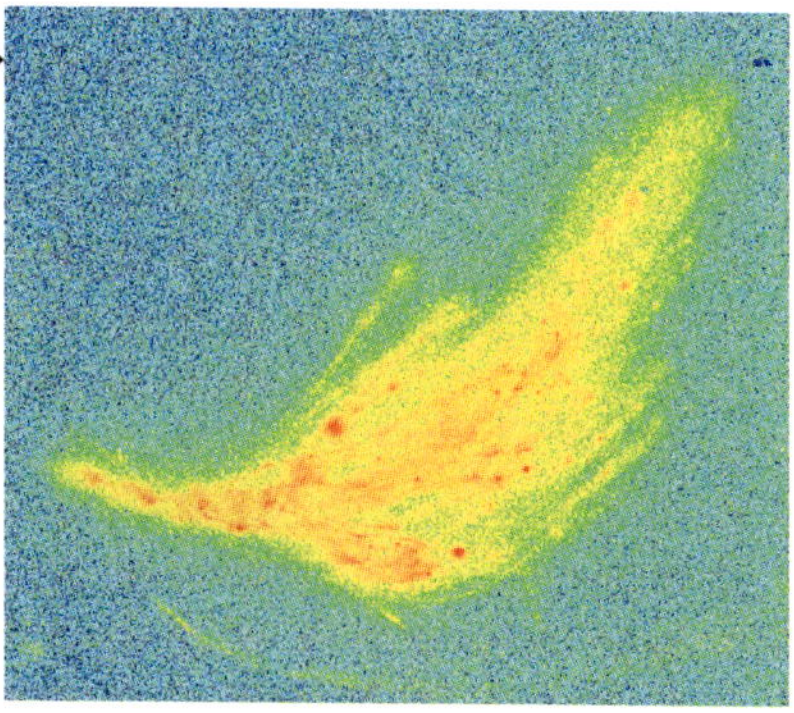

双葉町山田(4.4km)

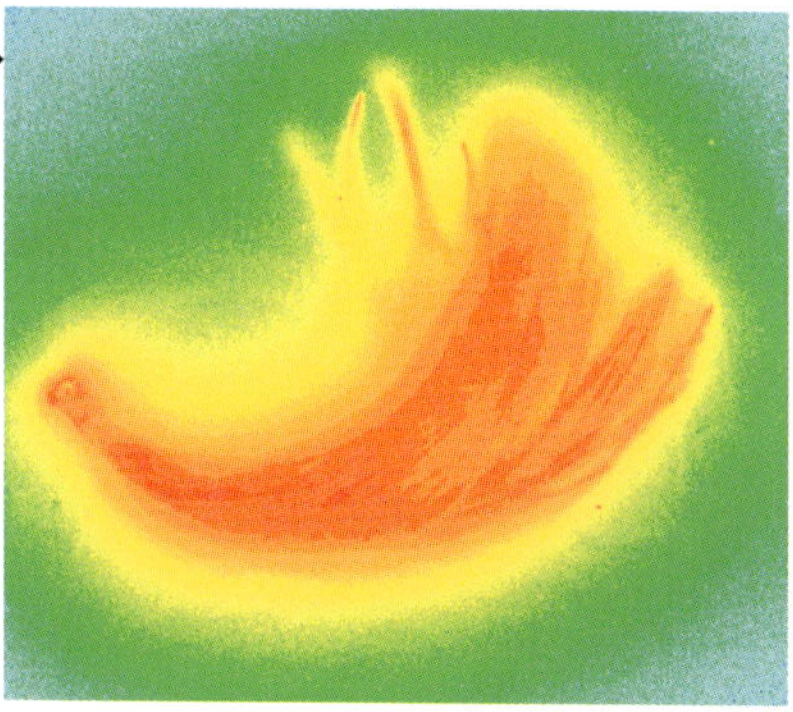

図6_文部科学省が公表した航空機モニタリングによる放射線量測定マップ

航空機に放射線検出器を搭載して、地上に蓄積した放射性物質からのガンマ線を測定して空間線量率等が測定された（2011年5月6日公表）

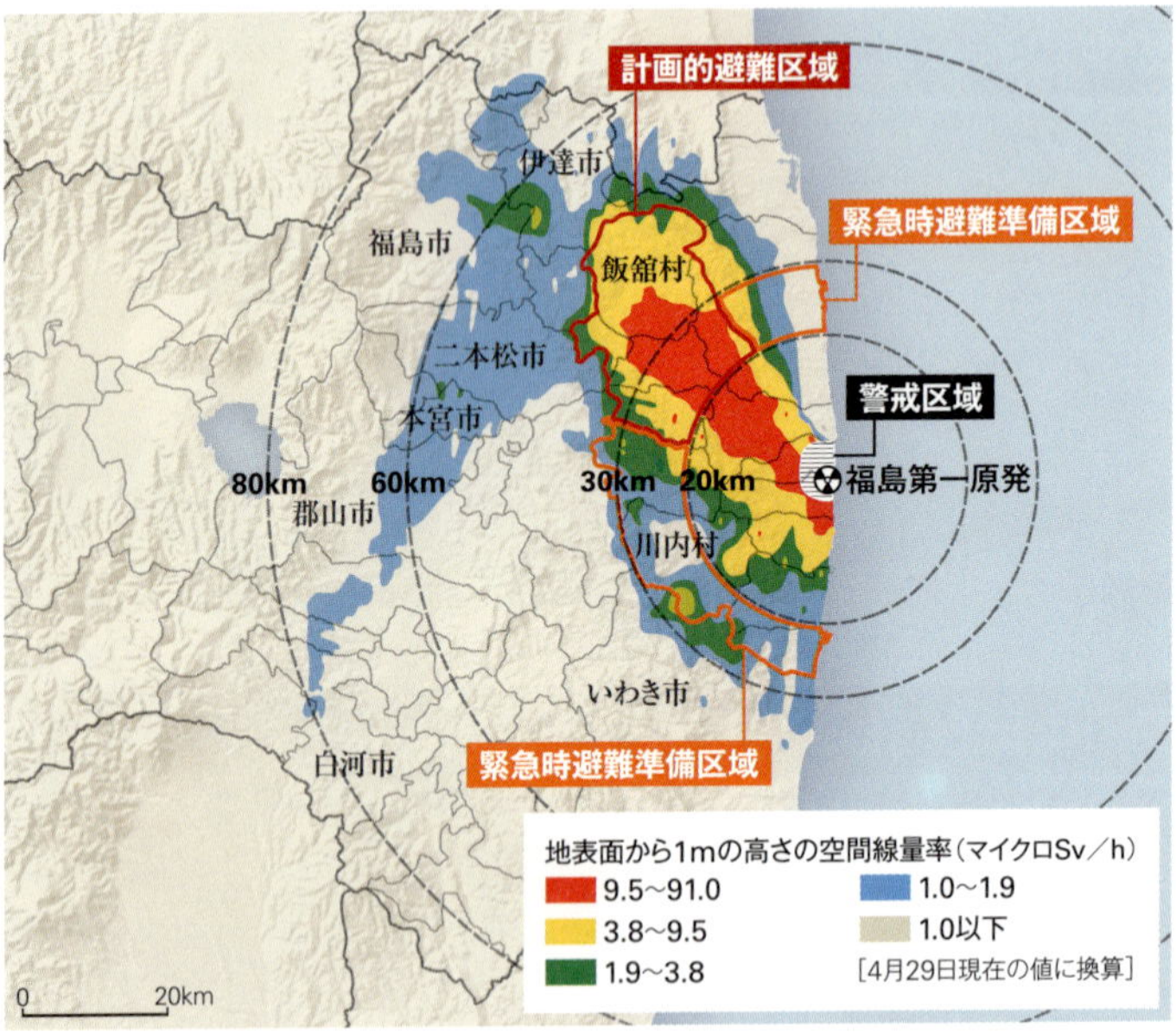

ホットスポット　ネットワークでつくる放射能汚染地図──目次

［本書のなかの年齢は取材当時。注は章ごとにまとめて記載］

ブックデザイン＝竹内雄二

まえがき

ETV特集チーフプロデューサー　増田秀樹

私が福島に向かったのは三月二一日だった。原発事故から四日後の一五日に現地入りして放射能調査を始めた研究者の木村真三さんと大森淳郎、七沢潔ディレクターに発電機や補給物資を持って行った。常磐自動車道を北上すると道路のそこかしこに段差ができていた。行き交う車といえば自衛隊と警察、消防ばかり。この頃は原子炉を冷却するため、全国の消防隊が入れ替わり立ち替わりで決死のミッションにあたっていた。常磐道はいわき市までしか通行できず、インターを降りたところで取材チームと合流した。待っていた大森は開口一番聞いた。

「たばこと酒は買ってきてくれたか」

福島県内への物資輸送が止まり、食品から雑貨まで何も入ってこなくなっていた。泊まっている旅館は食材が尽き、明日にも閉めるという。「まるで戦場取材だな」と思った。

ともあれ、福島第一原発から三〇キロメートル圏に沿ってこの日の放射能調査ポイントをめざした。海岸沿いの国道六号線の脇には大きな漁船が無造作に打ち上げられており、一階部分を津波が貫通し向こう側まで丸見えになった家並みが続いていた。

最初の調査地は少し内陸に入った常磐線の小さな駅だった。私は空気中の放射性物質（放射能）の濃度を測定するエアサンプラーに発電機をつなぎ、スターターの紐を引いた。だがうまくかからない。地に足が着かないというのはこういうことなのか。この日、福島第一原発からは三月一五日に次ぐ大量の放射性物質が放出された。それは北東の風に乗って首都圏の方角に流れ、汚染の原因になった。しかし自分たちの頭上をプルーム（放射性雲）がかすめ飛んでいたと知ったのは後になってからのこと。この時の不安の理由は別だった。

駅舎も街路も周囲の住宅も無傷。それなのに人間だけがいない。駐車しかけで止まっている車、半開きの家の戸。不気味な静けさがあたりを支配していた。次に測定しに行った町も、その次に行った町も、同様に無人化していた。人間の営みを根こそぎ奪い去る放射能。その恐ろしさを私はこんな形で初めて実感した。「とんでもない取材に手を出したな」と少し後悔していると、場慣れしていると言ってはなんだが、汚染調査の経験豊富な木村さんが近寄ってきて囁いた。

「増田さん、目が泳いでますよ」

急な番組立ち上げだった。大震災の発生後、四月からのＥＴＶ特集の放送予定を白紙に戻した。白紙にせざるを得なかったというほうが正確かもしれない。番組が立脚する社会の前提そのものが一瞬にしてくずれてしまい、すべてがそぐわなくなってしまったように感じたからだ。とりあえずディレクターを二手に分け、一方は巨大津波の被災地を、もう一方は暴走を始めた原発事故の被災地を取材することにした。原発災害について知恵を借りようと頼った七沢は、チェルノブイリ事故の頃から積み重ねた取材経験から「何よりまず汚染地図を作ることが重要だ」と言う。第一原発の三号機で水素爆発が起きた一四日、初めての打ち合わせにその七沢が連れてきたのが熱血の研究者、木村真三さんだった。木村さんから「明日から福島に行って測定をしましょう」とせきたてられ、翌日、第一陣が福島に向かうことになった。自分自身、この時はまだ放射能汚染を「すぐに測る」ことの重要性が十分わかっていたとはいえなかった。しかし事態が見えてくるにつれ、放射能汚染の実態を一刻も早く世間に報せなければと強く思うようになった。なぜなら、初めは気がつかなかったが、みんな逃げたと思っていた集落の奥に、何の情報も届かないため「ここにいれば安全だ」と思いこみ、息を潜めていた人々が残されていたのだ。彼らが孤立していた場所の中には、三日間で年間被ばく限度量を超えてしまうような高濃度の汚染地、ホットスポットもあった。

放射能汚染を測って報せる。そのドキュメンタリーであるETV特集『ネットワークでつくる放射能汚染地図』は伝えるべき問題が多岐にわたり、視聴者の関心も高いことから、その後シリーズ化することになった。シリーズ第一回は二〇一一年五月一五日に放送した。番組では木村真三さんと放射線測定の第一人者である岡野眞治さんが放射能汚染地図を作成する過程を軸に、ホットスポットに取り残された住民など、原発事故の被災地で起きている事態を伝えた。六月五日には福島の住宅地の土壌から微量ながら初めて猛毒のプルトニウムが検出されたことを続報として放送した。八月二八日の第三回は大気や土壌の汚染から人体そのものへの汚染に調査を深めた。市民に不安が広がるなか、木村さんと岡野さんのコンビが自作のホールボディカウンターで住民の内部被ばく調査を行い、除染を試して汚染がどれだけ下げられるのかに挑んだ。第四回は陸から海に調査を広げ、知られざる海の放射能汚染のメカニズムを紹介し、今も第五回として新たな番組を取材中である。

シリーズの視聴率は高い時で一・八%という、テレビプロデューサーとしていかがなものかという低さであった。しかしネットで評判が広がり反響は桁外れに大きくなった。特に第一回の放送後には一六〇〇件を超す電話やメールが殺到した。当時、視聴者がいかに放射能汚染の情報に枯渇し、事実を知りたいという欲求が高まっていたかのあらわれだったと思う。

実際、今回の原発事故では、最も情報を必要とする避難地域の住民に、政府から汚染情報はほとんど届けられていなかった。文部科学省や原子力安全委員会はSPEEDI（緊急時迅速放射能影響予測ネットワークシステム）を地震直後から稼働させていた。三月一五日、福島原発から最も多くの放射性物質が放出され北西方向に飛散した時も、SPEEDIはそれを予測計算ではじき出していた。しかし政府は被災地に伝えなかった。その結果、浪江町や南相馬市の住民たちは、まさに放射性物質が向かう方向へ避難することになってしまった。その先の飯舘村では、避難民を受け入れるために村民が何も知らずに屋外で炊き出しを行っていた。せめて拡散の方向だけでも伝えていれば、住民の被ばくはどれだけ避けられたことか。政府が情報公開をためらった理由は国民をパニックに陥らせないためだったという。しかしそれは全くの見当違いだったと思う。

原発事故後、この国でいったいどれぐらいの数の放射線測定器が売れたのだろう。目に見えず、においもない放射能だが、測定器を使うことで数値化することができる。その性質を利用し、突然降りかかってきた脅威の程度を見極めようと、多くの人が自力で放射線の測定を始めた。私たちが取材した地域のひとつ、福島県いわき市の志田名《しだみょう》地区は、事故後に高い放射線量が検出されたホットスポットのひとつだが、地区の人々は住居、路地、田畑、水路など隅々まで丁寧に放射線量の測定を重ね、世界一詳細ではないかと思われる放射能汚染地図を作り上げた。もちろん、こんな地図は未来永劫作らずに済めばそれに越したことはないが、志田名の住民たちは故郷の里山が放射能でひどく汚染されてしまった現実から目を背けることなく、一刻も早く実態をつかもうと行動を起こした。これが事故後、パニックを起こすと政府が汚染情報の公開をためらった国の国民のまぎれもない姿である。

水に溺れた時、深さの見当がつかない時こそパニックは起こる。史上最悪の原発災害に曝されながらも、事態を正確に知って対応を考えるという冷静さを人々が失なわなかったことは、国内の測定器が瞬く間に品切れになったことが証明していると思う。シーベルトやベクレルで示される測定数値は汚染レベルだけでなく、命に関わる情報を独占してきた政府と一般市民の隔絶という国の矛盾まで浮き彫りにしている。

今回は政府だけでなくメディアも住民を放置してしまった。メディアが政府の指示に従い取材地域の自主規制のようなことを始めたのは一九九一年の雲仙普賢岳の噴火報道がきっかけだと思う。この時は報道関係者が避難勧告区域で取材を強行したため他の人々を巻き添えにして多数が死亡し批判された。事故は大きな戒めを残した。ただし普賢岳噴火の時と今回の原発事故ではひとつ違いがある。普賢岳の避難勧告区域に住民はいなかった。しかし今回は半径三〇キロメートル圏内の屋内待避区域には多くの住民が残っていた。その違いを乗り越えられず、情報の空白地帯を生んでしまった。

ＥＴＶ特集はその空白地帯に入り取材を行ったことで注目されたが、局内では大いに怒られもした。私に関して言えば、「三〇キロ圏内突入ＯＫ」の指示を現場に出したことで、一時は四面楚歌状態になった。危険な場所へ取材に行かせながら番組化がなかなか認められず、放送ができなかったら切腹では済まされないと思い詰めもした。辛くも放送に漕ぎ着けることができたが、今にして思えば、それは原発の安全神話が一瞬にして崩れ去り、メディア全体が方向性を見失うなかで起きた混乱のひとつだったように思う。番組はいくつかの賞をいただいたが、私たちは報道機関の端くれとして「事実を取材して伝える」という当たり前の仕事を、当たり前にやっただけで何も特別なことはしていない。山奥に置き忘れられていた非常用電源のようなもので、たまたま水没を免れ稼働を続けたに過ぎなかった。

現場主義に徹して取材を続けた私たちを支えた動機をあえて挙げれば一つある。取材チームに加わったメンバーは私も含めこれまで科学的視点よりも歴史的視点でドキュメンタリーを制作してきた者が多い。ＥＴＶ特集では例えば二〇〇九年、『戦争とラジオ』という番組を放送した。政府の広報機関になり大本営発表を唯々諾々として放送してきた戦時中のメディアの在り方を問うものだ。終戦の六六年後に起きた今回の震災。もしも〝大本営発表〟と揶揄されるような放送をしていたら、「じゃあ、お前たちはどうなんだ」と過去から逆に詰問されることになる。それにきちんと答えられるかという自問が漠然とではあるがスタッフには共通してあったように思う。

とはいえ、目に見えずにおいもしない放射能の世界に飛び込み、独自調査を敢行するには勇気が必要だった。それを可能にしてくれたのが、放射線衛生学が専門の木村真三さんと、日本における放射線測定の第一人者である岡野眞治さんの老若二人の科学者だった。研究所を辞職してまでも福島で測定を行った木村さんの行動力は番組の原動力になった。また、ある人いわく「放射能の調査に関しては岡野さんたった一人で、米軍に対抗できる」というほどの圧倒的な知識と経験、そして測定機材を自分で作ってしまうという、〝お茶の水博士〟も驚くであろう岡野さんの力がなければ、短期間に汚染地図を作成することはできなかった。しかし、それだけでなく放射線について熟知している二人は、測定器をまるで闇夜の暗視スコープのように使い、被ばくの危険からスタッフを守ってもくれた。

たとえ放射能を「見る」ことができる木村さん岡野さんに守られていても、取材の性質から敢えて危険に身を曝さねばならない場面もあった。被災地の空間線量と土壌汚染を測ることを軸に進めたシリーズ第一回の取材は、ホットスポットを探し出すことに焦点を向けるようになった。そこに人が残っていたからだ。政府は「ただちに健康に影響が出るレベルではない」と言い続けていたが、別の言い方をすれば「いつかは影響が出るレベルかもしれない」という意味でもある。住民を晩発性の放射線障害から救いたいと思えばホットスポットの取材は避けて通れなかった。しかしやはり浪江町赤宇木《あこうぎ》地区のような高濃度の汚染地域に入ると、各人が携帯する個人線量計の値はぐんぐん上がっていった。木村さんさえも線量計の針が振り切れた先は見通せず不安に駆られたという。取材にあたったディレクター、カメラマン、音声マン、ドライバーたちはみなその恐怖を押し殺しながら仕事をした。

私はよく同僚のプロデューサーから、「猛獣使いは大変だな」と言われる。春の時点で、ETV特集班のディレクターのうち三分の一が自分よりも年上だった。しかも一筋縄ではいかない信念の持ち主たちである。若手はロスジェネ世代で、バブル期入社の私などとは違い、もの心ついてから良いことはほとんどなかっただけに上に対しては辛辣で、生意気に手足が生えたような連中である。福島で取材を行うと決めたとき、目をぎらつかせて彼らは集まってきた。「行きたいのか」と尋ねると「行かせてくれ」という。福島原発事故はこの先も長く背負うことになるだろうから、今現場を自分の目で見ておくことは大事だと思った。また、各人の被ばくを最小限にするためには、取材人数を増やして分散するしかないとも考えた。しかし、「何が何でも現場に行きたい」という本人たちの強い志願がなければ、送り出すことはできなかった。色々面倒なこともあるが今度ばかりは「猛獣」たちでなければ戦えなかったと思っている。本書はそのディレクターたちが記したシリーズ一回目から三回目の取材記になっている。

残念ながら今はまだ放射能との長い長い闘いの序章に過ぎない。まずは放射能を測って報せる。そこから何が見えたのか。放送では伝えきれなかった事実のディテールや、取材現場で感じたことを含めてルポをしている。

第一章

事故発生から四日、電撃取材が始まった

七沢 潔

「すぐに現場に行きましょう」

3・11大震災の翌日は土曜日だった。すでに福島第一原発で異常発生の報が入るなか、友人に会うために外出するが、気がかりなので出先で携帯電話のワンセグでテレビを見て、インターネットで情報を集める。

ついに一号機で「爆発のような事象」が起こったらしい。

「これは大変なことになってきた」

まずはそう感じたのだが、やがて、早晩自分がこの事故の報道に関わることになるのではないかという、ばく然とした予感もやってきた。

案の定響くケータイの着信音。相手は広島局から転勤してきた後輩の番組ディレクター。

「どうなりますかね？　これから」

同様の問い合わせが同期入局の友人からも入る。こちらは休日に遊園地に出かけたい家族から放射能の心配はないか説明を求められ、窮して尋ねてきたようだ。

そんなことは乏しい情報の中で私にもわからない。だが電源の喪失で原子炉が冷却不能になり、燃料棒が露出しているというのだから、炉心溶融が起こっていても不思議でない。とすれば、これまでこの国で起こった原子力事故の水準を超えた緊急事態だ。

そうこうしているうちにまた新しい電話。

「七沢さん、一緒に福島行かない？」
そう話すのは、かつて原発立地が計られる奥能登でともに番組の取材をした報道局系のプロデューサー。彼は、放送文化研究所勤務の私は表向き番組に関われないだろうから、休みをとって行かないか、という。

私は一九八七年にチェルノブイリ原発事故後の食糧の放射能汚染の実態を追う番組を作って以来、二四年にわたって内外の原発問題に向き合ってきた。だが二〇〇三年に東海村の臨界事故がどうして起こったのか原因を掘り下げる番組を制作した翌年、愛宕にある放送文化研究所への異動を命じられ、以来七年間、番組制作から遠ざかっていた。

「休みをとって」というところが引っ掛かり、保留気味に電話を切った。そして今度は私のほうから電話をかけた。相手は木村真三博士。四三歳の少壮の科学者である木村さんは、厚生労働省が所管する労働安全衛生総合研究所の研究員で、三年ほど前に京都大学原子炉実験所の今中哲二助教の紹介で知り合い、その後チェルノブイリ原発事故の影響調査のために一緒にウクライナに出かけるなど、親交を結んでいた。

「もう準備はできています。すぐに現地へ行きましょう」
開口一番出てきた言葉には、彼独特のテンションが、いつもより高めに宿っていた。
行くといったって、まだ何も情報を摑んでいないし、ちょっと早すぎる。しかし、近いうちに取材を始めることになるから、その時は協力してほしい、というと「はい。もちろん」と答えた。

翌三月一三日の日曜日、その日私の娘は自分の大学受験の合否発表を見に行った。昼過ぎに電話が入り、「絶対無理」といわれた大学に合格したことがわかった。この日のためにシングルファーザーとして二人三脚で受験期を耐え忍んできた私は、この「望外」と呼ぶべき吉報を誰かに知らせたくなり、知り合いに電話をかけまくったがあいにく誰も出ない。最初に出たのは木村真三さんだった。

「それはめでたいですね。一杯やりますか」ということになり、彼の住居に近い町の駅で会って、居酒屋に駆け込んだ。娘の慶事の話はそこそこに、福島の話になった。彼の専門は放射線衛生学。読んで字のごとく、放射線から公衆の生命を衛《まも》るための学問なのだから、この非常事態にすでに原発から放射性物質（放射能）が放出され、近隣住民を襲っている現地に飛び、放射線量を測ったり、土壌や植物を採取して、汚染実態を把握し、今後の防護対策を考えたい、というのが木村さんの存念。しかし、彼の所属する研究所の上司からは、「命令があるまで勝手に調査に動いてはならない」という趣旨のメールが届いたという。後にわかるのだが、事故の直後から、政府系の研究機関では「パニックを防ぐ」という名目で情報の一元化が図られ、厳しい統制が敷かれていた。

「以前、放射線医学総合研究所にいたときに東海村臨界事故による汚染の調査をしました。いまの研究所に来てからも、七沢さんと一緒にチェルノブイリ周辺の影響調査もしましたよね。これらは、いずれ日本で原発事故が起こったときに備えてやった調査研究ですよ。それがいざというときに生かせないなんて、自分の仕事を否定された気分ですよ」

木村さんは憤慨していた。そして、職場に辞表を出してでも、福島に調査に入るという。私はその気持ちはよし、と言いながらも、「いま番組制作現場から声がかかり始めた。ＮＨＫの取材チームとして一緒に入れば、何かとスムーズにいくから、もうちょっと待って」と伝え、彼のもつ小型の放射線測定器を借りて家路についた。

制作現場との初会合

翌三月一四日、私は娘の大学入学手続きをするため東京・上野に向かった。木村さんから借りた測定器は自宅のある横浜市北部では毎時〇・〇六マイクロシーベルト、上野では〇・〇四マイクロシーベルトの値を示していた。シーベルトは人体への影響の度合いを加味した放射線の強さを表す単位。この値は通常のバックグラウンド（自然放射線量）のレベルだ。原発事故による放射能はまだ来ていないようだ。

上野駅につくと電光掲示板でＮＨＫニュースが流され、福島第一原発の三号機で爆発が起きたことを告げていた。二機目の爆発とは……やはり風雲が急だ。

大学について入学手続きをしていると携帯が鳴る。相手はＮＨＫ制作局文化・福祉番組部の大森淳郎チーフディレクターだった。教育テレビのＥＴＶ特集が担当のベテランは、入局年次こそ私よりも一年あとだが同い歳で、三〇年来、苦楽をともにした親友だ。電話の向こうの彼の声にも、やはりいつもと違う張りがあった。

「えらいことになったね。こういう事態になったからには、原発事故で番組を作りたい。ヨネさんや、増田とも話したんだが、やっぱりあんたに来てもらうのがいちばんだ。とりあえず、すぐにこちらに来てほしい」

大森のメッセージはETV特集班が正式に仕事として私に番組作りに関わってほしい、という内容だった。放送文化研究所に対しても正式な応援要請を出すという。私は二つ返事で夕方四時に渋谷の放送センターにある彼らの居室を訪ねることを約束した。ETV特集は私が放送文化研究所へ異動になるまで八年間在籍した古巣だった。知り合いもまだ残っていた。何より、「休みをとって行かないか」という前々日の友人からの提案と違い、きちんと仕事として番組に関わることができることが大事だった。原発事故の取材に確かな足場が必要なことは、二四年間の経験で明らかだった。

夕方四時に放送センター一一階のETV特集班の打ち合わせ室を訪ねると、すでに増田秀樹チーフプロデューサー、二年先輩のヨネさんこと米原尚志《ひさし》チーフディレクター、大森、デスクの首藤圭子など重鎮が集まっていた。中に若い池座《いけざ》雅之ディレクターが交じっているのが意外だった。池座は前々年に広島局から東京に上がったばかりで、チェルノブイリに関心があるため私のもとをよく訪ね、木村真三さんにも紹介していた。しかし所属班も異なり、ほかの面々とは一面識もないのにその場にいたので不思議に思って尋ねると、「木村さんから電話で聞いて、ぜひ自分も番組に参加したいと思って……」という。つまり彼は「志願」してきたようだった。

増田と大森は、「番組を作りたいが、どうやったらいいのか皆目見当がつかない。七さんが司令塔になってくれたら俺たちは手足となって動く」という。私は「とりあえず事故による放射能汚染がどのようなものか把握するため、放射線測定器をもって現地を歩くことから始めたい」と提案した。そして、そのための助っ人がこれからここに来ることを伝えた。

夕方六時に木村真三さんが到着した。その日、大森からの電話のあと、打ち合わせに参加するために放送センターに来るようにお願いしてあったからだ。木村さんは放射線測定器やポケット線量計、防護用具などがつまった鞄を両手にぶら下げ、会議室に入ってきた。

まずはETV特集班の面々に木村さんを紹介して、打ち合わせが始まった。だがすぐに一同は仰天することになる。

「現地に行くとして、いつごろかな？」と大森が尋ねると、木村さんは、「できるだけ早く行きましょう。明日の朝出発しましょう」と答えたのである。

一二日の一号機に始まり、その日一四日には三号機で水素爆発が起こっていた。そして会議室の脇のテレビでは二号機でも原子炉圧力容器内の水位が下がり始めていること、事故前から停止していた四号機でも使用済み燃料プールで異常が発生していることが報じられていた。おまけに東電や原子力安全・保安院は否定するが、すでに炉心溶融が始まり、場合によっては巨大な水蒸気爆発が起こる可能性があることがネット上ではさかんに噂されていた。

「明日、っていうのもちょっと急じゃないですか」といいたい気持ちを抑えるのに必死な表情の大森、増田。正直困惑しているが、加勢を頼んだ手前断りにくいのだ。

一瞬の沈黙。部屋の外から流れるテレビの音声……緊張が部屋に張りつめる。

正直に言うと私の中でも次第に不安が募っていた。取材中に大爆発が起こり、致命的な被ばく（注1）をして病院に運ばれる……の図も脳裏に浮かぶ。しかし木村さんの意志は曲がらなかった。

「いま行って、すぐに土壌サンプリングをやらないと、立ち入り禁止になって入れなくなって、データ採れなくなりますよ。それに早く採らないと半減期（注2）が短いために消えてしまう放射性核種もあるんです。僕は東海村JCO臨界事故のときには行政手続きに一週間かかり、出遅れて失敗したんです。あれから一二年間後悔ばかりでした。今度こそ、後悔したくないんです」

もちろん危険がある。イチかバチかの賭けのようではあった。しかし取材には勢い、「乾坤一擲」ともいうべき勝負時があることを、私も大森も経験上知っていた。何よりも、この目の前にいる青年科学者のただならぬ情熱は、それ自体がドキュメントに値すると思われた。

これで明日出発することが決まった。時計の針は夜九時を回っていた。首藤デスクと池座が、福島の宿やロケ車の手配に動きだした。池座は緊急時につき、とりあえずバックアップのスタッフとしてチーム入りを許されたようだ。

私は自宅に電話して娘に明日から福島に行くことを告げた。娘は一瞬声を詰まらせたが「仕方ないね。パパはこの日のためにやってきたんだものね」と理解を示してくれた。しかし、すでに身の回りでも原発事故の放射能が襲ってくる危機は噂されていて不安なので、私の留守中は友人に家に泊まってもらうという。

木村さんはその日の深夜、研究所に戻り、辞表を書いて総務課長の机の上に置いた。辞表の書き方がわからないので、インターネットで調べ、そこにあった雛型どおり、理由は「一身上の都合で」とした。これならば上司は不受理とすることはできない。辞表が受理されるまでの間は休暇をとることも書き添えておいた。

押し寄せる放射性雲をついて

三月一五日は風の強い日だった。

案の定、払暁に二号機で爆発らしき事象が、ほぼ時を同じくして四号機で爆発と火災が起こった。

実は前日の深夜、ある専門家筋からの情報で、この日にプルーム（放射性雲）が東京・横浜方面に流れると聞いていた。朝早く起きてメールなどで知っている限りの友人に知らせた。職場の上司にも、研究所員を自宅待機にするよう進言した。娘もありとあらゆる友だちに携帯メールで「いまそこにある危機」を知らせた。そして娘とその友人に窓をガムテープで目張りし、換気扇は使わないこと、外出は控えること、やむを得ず出るときはマスクを着用し、長袖、長ズボン、帽子も着用してなるべく肌をさらさないように伝えて家を出る。

駅に着くまでの間、放射線測定器を回すと毎時〇・三マイクロシーベルトと表示された。前日の五倍に撥ね上がっている。すでに放射能がここまで到達していたのだ。

歩きながら携帯で木村真三さんに電話する。「大変だ。横浜で〇・三マイクロある。放射能が来ているぞ」木村さんは京大の今中さんから借りたハイボリューム・エアサンプラー（注3）を使って、自宅マンションのベランダで空気中の放射性物質を採取する準備中だった。

「そうですか。だったら時間をかけてエアサンプルしてみます」

このとき一時間かけて採った集塵フィルターを京大原子炉実験所に送り、小出裕章助教が分析したところ、国の基準値の一万四〇〇〇倍に当たる一立方メートルあたり七二〇ベクレルものヨウ素一三一や五七〇ベクレルのテルル一三二が検出された。三月一五日午前に東京を駆け抜けたプルームは侮れないレベルの放射能を運んでいたのである。

正午にＮＨＫの西口に到着するとロケ車とドライバーの今井秀樹さん、ともに福島に乗り込む大森が待っていた。昨日の今日であったことに加え、取材地が原発事故渦中の福島であることが災いして、前日のロケ車の手配は難航したが首藤デスクがやっと見つけ出し、おまけに代々木警察署から「緊急車両」のボードまでもらっておいてくれた。これがその後の取材で大いに役に立つのである。

出発前、見送りにきた首藤と池座が記念写真を撮ろうと言い出した。とんでもない危険地に行くような気分になってきた。ドライバーの今井さんは不思議そうな顔で見ている。

車は木村真三さんを拾いにまず東京・台東区に向かう。だが発車してすぐに留守番のはずの池座がロケ車のいちばん後ろの席に乗り込んでいたことがわかった。「僕も連れてってください」というが、まだ三〇代になったばかりの若い人を、線量もわからない危険な放射能汚染地帯に連れていくわけにはいかない。ともかく途中で帰ることを念押しして乗車を許可した。

木村さんを乗せたあと、近くの雑貨屋で人数分のゴム引きの雨合羽と長靴を買う。透過力の強いガンマ線を完全に防ぐためには鉛の入った服を着るしかなく、それは重すぎて取材には適さない。取材班の放射線防護を担う木村さんは、外部被ばくは防げないとあきらめて、放射性物質の身体への付着や拡散を防ぐために、汚染地での使用後、車から降りたあと脱いで水洗いできる雨合羽を選んだ。そうすれば汚染を宿舎に持ち込んでの二次的な被ばくを防ぐことができる。なおかつ呼吸を通じての放射性物質の体内への取り込みを防ぐため、木村さんはマスクには活性炭入り五層構造の上等なものを使うことにした。これは木村さんが労働安全衛生総合研究所の仕事で、毒性の強い物質を扱う化学工場などの査察に入るとき使ったものだった。

車はいよいよ福島を目指す。事故直後から常磐自動車道は一般車通行禁止となっていたが、「緊急車両」のボードのおかげで警察の検問を無事通過、車をほとんど見かけない、がら空きの道をひた走った。

途中、千葉県と茨城県の境目付近の守谷サービスエリアでトイレと昼食のために休憩。自衛隊と東電関係の車両しかいない駐車場で空間線量率を測ると、なんと毎時三マイクロシーベルトあった。日本の通常値〇・〇六の五〇倍、原発から一九〇キロメートル離れた場所の数値としては異常に高い。原発からの放射性雲はここを通って東京に運ばれている最中だった。昼食後、池座を残して、ロケ車は再び福島を目指した。

眠れない夜

三月一五日の夕刻、福島県の中通りの中心地・郡山市に程近い、田村郡三春町の宿にたどりついた。福島第一原発から直線距離にして四八キロメートル西の地点。その日屋内退避地域に指定された原発から半径三〇キロメートル圏の外側ではあるが、チェルノブイリ原発事故の経験から、放射性物質の飛来という観点からは、けっして油断のできない距離だった。またこのころは、土壌の汚染データはおろか、空間線量率のデータも原発周辺以外はほとんど公表されていなかった。

ロケ車を降りて、旅館前の駐車場で空間線量率を測ると毎時三・二マイクロシーベルト。通常値の約五四倍に当たる。その線量下でずっと外に居続けると二週間足らずで一般人の年間被ばく限度量一ミリシーベルトを上回るレベルである。

宿には「ラジウム温泉」の看板が出ている。ラジウム温泉とは、成分に微量の放射性ラジウムが含まれるため健康増進に役立つといわれる温泉のことである。大森と私は、本当だったら取材前から被ばくするね、などと洒落にならない冗談を言い合った。実は私は、後にこの番組の取材に参加される岡野眞治博士から「以前にラジウム温泉の調査をしたとき、ほとんどの場合放射能は検出されなかった」と聞いていたので、あまり気にとめなかった。

その夜私たちが「ラジウム温泉」に入ることはなかった。地震による交通路の断裂と原発事故の影響を恐れて、お湯を沸かすのに必要な燃料が輸送されなくなったからだという。だがそれにしては夕食は豪華だった。食糧も届かないのにどうして、と尋ねると女主人は「実は、従業員が避難したいといっておりまして、私たちも明日あたり宿を閉めて出るかもしれないので」と言う。つまり、原発で起こる大爆発を恐れて脱出するので、今夜は在庫一掃の大盤振る舞いというのだ。

それは底冷えのする夜だった。冷たい体で布団に入ると、大きな余震が断続的に起こる。首都圏で体験した余震とは比べものにならないほど、激しく床や壁が揺り動かされる。

携帯電話が鳴る。娘から聞いたのか、別れた前妻からだ。

「投げやりになっているでしょ。身体を大切にしないと」

ありがたい忠告だった。ほかにも何人かの友人が、虫の知らせか電話をしてきた。中には「帰ったらすぐに書いて」という雑誌編集者もいたが、みな私の身を案じていた。

私はこれまでの取材でも被ばくをしてきた。だが無謀な被ばくではなかったと信じている。チェルノブイリでは事故を起こした四号炉の中に入った。また、当時まだ運転中で、運転をしながら燃料棒の出し入れをしていた三号炉の中央ホールでも撮影をした。その時の空間放射線量は毎時三ミリシーベルト。恐るべき高線量の中で二〇分という時間制限を課したのは、一般人の年間被ばく限度量一ミリシーベルト以内に抑えるためだった。

しかしその後、「なぜそこまでして原発にこだわるのか」という問いを受けるたびに、正直自分の中ですっきりとした答えが出ないのも事実だった。

そもそも私は広島や長崎とは何の縁もない。もともと原発に関心があったわけでもなく、あくまでも仕事として関わった最初の「放射能食糧汚染」の番組でいきなり、チェルノブイリ原発事故が一五〇〇キロメートルも離れたスウェーデンに放射能汚染をもたらし、少数民族サミの生活基盤を奪うのを目の当たりにした。その後能登半島では原発立地のため小さな海辺の寒村が親族相食む憎しみに引き裂かれるさまを見てきた。二度目のチェルノブイリ取材では運転員だった息子が被ばく死してなお事故の責任を負わされる現実の中で、その父親が私の胸倉を摑んで「無念を晴らしてくれ」と叫んだ。

原発と、それを押し進める巨大な体制に根こそぎにされ、人生を奪われた人々を取材するにつけ、その行き場のない怒りと悲しみを知り、解決されない現実から逃れることができなくなった。

そして、それを続けることは組織に所属するジャーナリストとしてはマイナスの結果を負うことでもあった。国内の原発問題を扱った翌年に二度転勤させられた。とりわけ七年前に放送文化研究所に異動となり、天職と思っていた番組制作ができなくなったことは堪《こた》えた。しかし、そうだからこそ「負けてなるものか」と、職務である放送研究の範疇で「テレビと原子力」なる論文を書くなどしてライフワークをつないできた。

不幸にも福島で事故が起こり、間髪を容れずここに来たのは、自分の中ではいわば「必然」であった。

それでも、自分はなぜ、原発に向き合うのか？

「強者の支配」に抵抗すること自体を自分の生き方にしたいからなのか、それとも原発に隷属する社会の在り方を変えたいのか。あるいはまた、自分が生まれた一九五七年に東海村で実験炉が初臨界に達することで始まった「原子力の時代」の末路を、ドキュメンタリストとして記録し続けたいからなのか。

考えは堂々めぐりを続けた。

窓の外では雪がちらつき始めた。なかなか寝付けない。ふりむくと同室の木村さんはもう高鼾《いびき》をかいていた。

「西から東へ」のサンプリング

三月一六日の朝は快晴だった。昨夜の雪がうっすらと旅館の裏山に積もっていた。

この日私たちは空間線量の測定をしながら、原発に向かって移動し、土壌や植物のサンプリングをすることになった。

木村さんが空間線量率を測定し、土壌や植物をサンプリングするのを大森が小型ビデオカメラで撮影する。実は昨日の今日で取材に出たので、カメラマンの参加を要請する時間がなかった。そのうえ、この日政府の三〇キロメートル圏屋内退避指示に従って、ＮＨＫでは原発周辺取材の自主規制が始まっていた。もし要請してもおそらく技術セクションは人員の派遣を断ったであろう。それで、いわばゲリラ的な取材となった。

もっとも大森はビデオカメラの撮影に自信を持っていた。二年前に作ったETV特集『ひとりと一匹たち』では、自らカメラをもって多摩川の河川敷にすむホームレスを取材、番組は好評で「大森カメラマン」の評価も上々だった。私は取材方針を決め、予備カメラマンおよび取材交渉など一切を行うディレクター役となった。

朝一〇時、三春町内にすむ佐久間寛さんのお宅を訪ねた。佐久間さんはかつては地元の中学の教員で、チェルノブイリ原発事故後に買った簡易型の放射線検知器R－DANを自宅に据え付け、福島原発で放出される放射線量を測定、データは娘さんの手でインターネット上に公開されていた。

NHKの取材チームと放射線の専門家、木村真三さんの訪問を、八〇歳になる佐久間寛さんと八歳下の夫人の和子さんは喜んでくださった。二人で書き取った手書きのデータを見せながら、一二日から上がりはじめた放射線のカウント数が、前の日一五日の一四時に突然それまでの一〇倍近い一二〇〇に上がったときの様子を、興奮さめやらぬ表情で語った。検出器に放射線が当たる回数が表示されるこの装置では、一般的な放射線量の単位シーベルトは表示されない。換算の仕方を知りたがる寛さんのリクエストに答えて、木村さんが自分のガンマ線シンチレーションサーベイメーター（注4）をR－DANに並べて表示を見比べ、換算係数を割り出した。

木村さんはその日サンプリングする場所を選ぶ上で必要な情報を佐久間さんから聞きだし、原発から四〇キロメートル圏外、四〇～三〇キロメートル圏内、三〇～二〇キロメートル圏、二〇キロメートル圏内から選んだ四つの地点で土壌をサンプリングする計画を立てた。その手始めに四八キロメートル地点にある佐久間さんのお宅の庭で、土壌、コケ、松葉を採取、さらに空気中の塵をとらえたエアサンプルも採った。

そのサンプルは第二章で記述する経緯をたどって、京都大学、広島大学、長崎大学で分析され、データ化された。もちろんこの採取時点では木村さんも私たちも結果は知らない。しかし番組がそうであったように、本書でもサンプリングの進行と重ねてデータを紹介しよう。

佐久間さん宅の庭で地表から五センチメートル分掘りとった土壌からは一平方メートルあたり五一万八〇〇〇ベクレルのヨウ素一三一が検出された。ヨウ素一三一は半減期が八日と短いものの、吸い込んで甲状腺に蓄積すると甲状腺ガンを引き起こすことが知られている。同じく半減期三・二日のテルル一三二も五八万八〇〇〇ベクレル検出された（採取時点のデータは半減期を計算して三月一五日の一七時の時点に換算された。ちなみにベクレルは放射性物質《放射能》の量を表す単位である）。

また半減期が二年のセシウム一三四は六万ベクレル、同じく三〇年のセシウム一三七は七万ベクレルが検出された。セシウムは体内に取り込まれれば、血液や筋肉に蓄積され、ガンを引き起こし、汚染の長期化の原因となる。二種類のセシウムを合計した値、一三万ベクレルは、チェルノブイリ原発事故から五年後に被災三ヵ国（ロシア、ウクライナ、ベラルーシ）が決めた四つの汚染地区分の第四ゾーン（一平方メートルあたり三万七〇〇〇〜一八万五〇〇〇ベクレル）である放射線高度監視区域に相当する（注5）。この区域では居住者の年間被ばく量が〇・五から一ミリシーベルトの間とされる。

ちなみに第三ゾーン（一八万五〇〇〇〜五五万五〇〇〇ベクレル）は移住の権利と国の補償が認められる

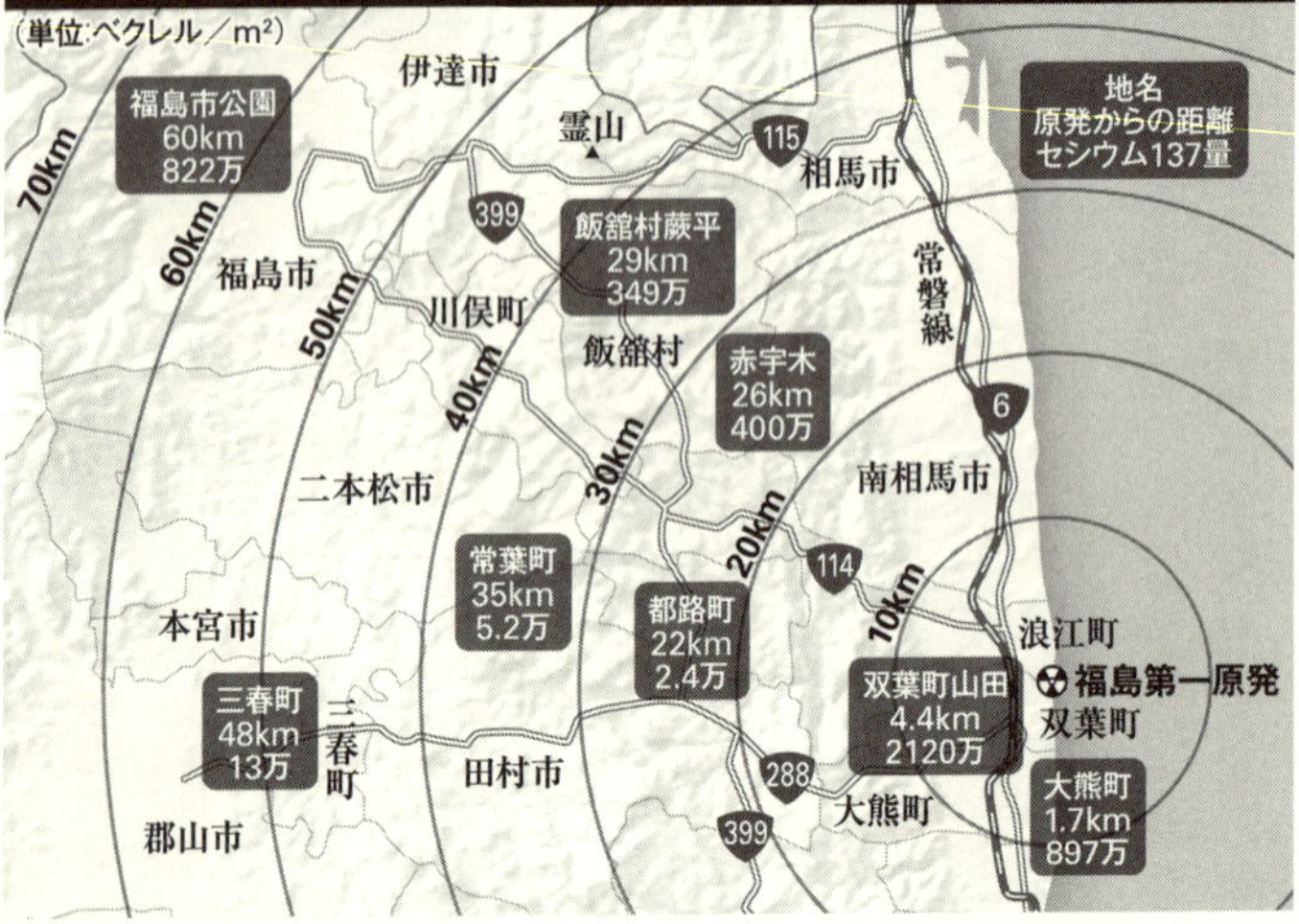

土（地下5cm）単位面積あたりのセシウム（134＋137）の量（3月15日換算）

区域で、年間被ばく量は一～五ミリシーベルトとされる。第二ゾーン（五五万五〇〇〇～一四八万ベクレル）は移住が義務付けられた区域で、年間被ばく量は五ミリシーベルト以上となる。第一ゾーン（一四八万ベクレル以上）は立ち入りが禁止された区域である。

佐久間さん宅の庭の土壌からは、ほかにテクネチウム九九ｍという半減期がわずか六時間の放射性核種も見つかった。これは医療検査に用いられる物質で、セシウムやヨウ素に比べて融点が二一四〇度と高く、比重も一一・五と重い。いまにして思えば、四八キロメートル先へのこの物質の飛来は、すでに原発内で炉心の核燃料が溶け出していることを示していた。

次のサンプリングポイントを探して、ロケ車は国道二八八号線を東に向かった。田村市常葉町《ときわまち》は原発から三五キロメートルの町。ここにある田村市立常葉中学校は国道から山手に少し上ったところにあり、木村さんはこの中学校の校庭を第二のサンプリング地点に選んだ。学校は放射線の影響を受けやすい子どもたちが通う場であるため、測定地点にふさわしかった。

坂道を上って校門に向かうころ、天気は曇りに変わっており、ちらりと雪が舞っていた。ここで木村さんは校門脇の「許可なく立ち入るべからず」の看板の裏をサンプリングポイントに選んだ。この大胆な行動はやがて見回りの先生に見つかって怪しまれ、校長室に連行された。しかし、そこで事情を説明すると、意外にも校長は「私たちも気になっていました。どうぞサンプルを採取して放射能を測ってください」といい、アポなしでやってきた私たちの採取を許可してくださった。

ここの土壌からは一平方メートルあたり五一万五〇〇〇ベクレルのヨウ素一三一、五万二〇〇〇ベクレルのセシウム（一三四、一三七合計）が検出された。セシウムは意外にも四八キロメートル地点の三春町よりも少なかった。

体温の残るゴーストタウン

午後になると雪は本降りになった。ロケ車はワイパーを動かしながら、さらに東に向かった。

そのときはわからなかったものの、実はこの日、大気中の放射線量は事故後最も大きな値に達していた。この日見た雪は、放射能を捕捉して地表に沈着させ、大地の汚染を導きだす最中だったのだ。

常葉では毎時一・六二マイクロシーベルトだった空間線量率が、やがて車中でも五マイクロシーベルトを超えるところに差し掛かった。

原発から三〇キロメートル圏内に入った新田《しんでん》というバス停で車を降りて計測すると毎時一〇マイクロシーベルトに撥ね上がった。

そしてさらに原発に近い二二キロメートル地点の都路町《みやこじまち》にある田村市立都路中学校を第三のサンプリング地点に選んで測ると、空間線量率は三・四三マイクロシーベルトまで減少した。同じ田村市でも空間線量率はまちまちで、土壌の汚染も斑状になっているのではないかと、予感させた。

実際、都路中学校の正門前の土壌からは、一平方メートルあたり二万四〇〇〇ベクレルのセシウムが検出された。これは原発から三五キロメートル地点の常葉や、四八キロメートル地点の三春に比べてかなり少ない。

福島県を東西にむすぶ国道二八八号線と南北に貫く三九九号線が交わる都路町は、古来交通の要衝だった。農業が主産業の人口三五〇〇人のこの町には、都会からの移住者も定着していた。このときは屋内退避地域に指定されていたが、すでにほとんどの住民が西に向かって脱出し、田村市の中心部に避難していた。それでも、この三月一六日午後には時折、これから避難する人々の車とすれ違った。

阿武隈山系に抱かれた小さな谷間にある都路の町の中心部を歩くと、今しがた旅立ったばかりの住人たちの体温がそこはかとなく伝わってくる。風の音が、すすり泣くようにすり抜ける。飼い主のいなくなった犬が最初は警戒がちに、次第に頭を低くして擦り寄ってくる。カメラを向けると犬は突然吼《ほ》えて後ずさる。が、こちらが立ち去ろうとすれば後をついてくる。

私の中で、かつてチェルノブイリ近くの村を訪ねたときの記憶が蘇った。ゴーストタウンとなったその村では、事故後八日たって村人がバスに分乗し、コルホーズ（集団農場）の牛や豚がトラックに乗せられて村を離れるときに、十数匹の犬が車を追って走ってきた。するとトラックの荷台にのった警察官はその犬をすべて銃で射殺したという。

ここでは犬は銃殺されなかった。しかし、人々が避難したあとにはたくさんの牛や馬、ペットが残され、あるものは無残な死を迎え、あるものは野生化してかろうじて生き延びていったことを、私たちは後になって知った。

トンネルを抜けると別世界だった

午後二時半、ロケ車は国道二八八号線をさらに東に向けて走った。原発から二〇キロメートル圏内に入るがとくに検問もなく、立て札も立っていない。道は阿武隈山系を越えるため、くねりながら山の中をゆく。一〇キロメートル圏に入る直前にトンネルがあったが、その手前で車中の空間線量率は毎時一〇マイクロシーベルト。途中、道路には地震で落ちたらしき大きな岩が転がっている。

さらに二つ目のトンネルがあったが、そこを出ると線量は毎時一九マイクロシーベルトに撥ね上が

双葉町山田地区で放射線測定する木村真三博士

り、やがて検出限界の一九・九九マイクロシーベルトに達して振り切れた。ここで木村さんはもう一つの測定器GMサーベイメーターを取り出した。この測定器ならば毎時三〇〇マイクロシーベルトまで測定できる。車は人のいなくなった温泉宿や中断された道路工事現場を通って双葉町の入り口に差し掛かる。

このころまでに木村さんと大森と私は、車中で我々の防護服である雨合羽に着替えて隙間をガムテープでふさいだ。マスクとゴーグルを着用し、二重にゴム手袋をして、足には靴の上からビニールのオーバーシューズを履いた。「最高警戒レベル」のいでたちが完成すると、民家の前で車をとめて外に出た。

山裾の田園地帯にあるその家には三匹の犬が、小屋のそばで繋がれたままになっていた。きっとこの家の人はすぐに帰って来られると思って避難先に向かったのだろう。おそらく四日以上放置されたままの犬たちが不憫だった。しかも、ここの空間線量率は毎時二五〇マイクロシーベルト。尋常な値ではない。

木村さんは「ここはすでに、チェルノブイリで最も線量が高いレッドフォーレスト（注6）の現在の値を超えています」とつぶやいた。

車でさらに先に進むと、また木村さんがマスク越しに言葉を発した。

「さて、どこまで行きますかね。もういま車の中でも測定器の針が振り切れてますよ。三〇〇マイクロ超えてますよ」

恐ろしいことだった。もはやどのくらいのレベルの放射線に曝されているのかわからない。取材チームには、さらに進むことへのためらいが生じはじめた。特に大森は今井ドライバーの被ばくを気にしていた。私は今井さんには車の外に出ないようにお願いした。

そうこうしているうちにロケ車は信号機が作動し続けたままの交差点に差し掛かった。そこに、自衛隊のものと思しきヘルメットが転がっていた。一四日の三号機の爆発に巻き込まれた陸上自衛隊はすぐに郡山の駐屯地に撤退したと聞いていたが、急いで走り去った様子が目に浮かぶ。

そして信号の先には、「く」の字形に崩落した常磐線の線路があった。左側にスペースがありかろうじて車が通れそうだったが、万一線路が天井にぶつかって、さらに落下してきたら目も当てられないことになる。しかし木村さんは「行きましょう」といい、今井さんは慎重に、針の穴を通すように車を動かし、難所を通過させた。

チェルノブイリ級のホットスポット

常磐線のガードをくぐりぬけた先は双葉町の住宅地区だった。ブロック塀が崩れるなど地震の被害が目に見えるこの地区に入ると、豪華な住宅やスーパーや病院などが並ぶ。駐車場にはたくさんの乗用車が避難したときのまま、止められている。町の中の看板には「原子力郷土の発展豊かな未来」。原発があることで国から町に入る交付金で、長年インフラ整備などをしてきた「繁栄」のあとが忍ばれる。

意外なことに町の中心部に入ると空間の放射線量は急減した。

「四〇マイクロまで落ちましたね。町中でこの値ということは、さっき振り切れたところはホットスポットかもしれませんね」

ホットスポットとは局部的に高濃度の放射能に汚染された場所をあらわす言葉で、チェルノブイリ原発事故のあと一般に使われるようになった。同じ双葉町の中でわずか一、二キロメートル移動しただけで空間線量率が毎時三〇〇マイクロシーベルトから四〇マイクロシーベルトに変わるということは、汚染は同心円状に広がったのではなく、斑状になって分布している可能性を感じさせた。これもまたチェルノブイリ事故後の放射能汚染で特徴的な現象だった。

車はその後、国道六号線をいわき方向に右折し、福島第一原発がある大熊町に向かった。林の切れ目から、原発の煙突が現れた。長者原という地名の、見晴らしのいい場所に出た。三本の煙突が手にとるようにそこにある。直線距離にして二・四キロメートル。しかし、国道六号線はここで上下に五〇センチメートルほど断裂していた。この先に車を進めることが困難なのは、その断裂個所のそばに乗り棄てられていた小型乗用車を見れば明らかだった。

大森と私は煙突の見えるこの場所で撮影をして引き返すことに決め、車をとめて外に出た。しかし、放射線量が気になる。木村さんのGMサーベイメーターは毎時一二〇マイクロシーベルトを示していた。原発からの距離の近さから考えると予想外に低い値だった。理由はこの日の風向きにあった。三春を出発してから私たちは、幸運にも西から東へと吹く風を背に移動してきた。ここでその恩恵が最も生かされた。もし逆の風向きであったら、たった一五分足らずの滞在とはいえ、私たちははるかに大量の被ばくをしていたに違いない。

その証拠に、木村さんが棄てられた乗用車に測定器をあてると、西に向いた側では検出範囲内だったが、東風を受ける、原発に向いた側のボディにあてると測定器の針はすぐに振り切れた。

ここでは私も小型のビデオカメラで撮影を行った。大森が、三脚を使って撮影する際にカメラと三脚を結ぶのに用いられる「舟」と呼ばれる部品を車に置き忘れてきてしまったからだ。気が動転していたのだろう。後に大森は「俺はあのとき、びびっていた」と告白している。

目に見えない放射線の渦中に入りこんだとき、底しれぬ恐怖感に襲われることは、私も初めて行ったチェルノブイリの取材で経験していた。

一方木村さんはここでも沈着だった。国道の下の畑におりて、サンプル用に白菜を採取してきた。

この白菜からは後に一キログラムあたり三〇〇万ベクレルのヨウ素一三一が、約二万ベクレルのセシウム（一三四＋一三七）が検出された。セシウムの量は野菜や肉などについての日本の食品暫定基準値五〇〇ベクレルの四〇倍に当たる。

午後四時、私たちは原発から二・四キロメートルの地点を離れてもと来た道を引き返した。この時点で私のポケット線量計は積算値の限界の一〇〇マイクロシーベルトを超えて振り切れていたのでリセットしてゼロに戻した。

ロケ車はその後、来るときにGMサーベイメーターが振り切れた山田地区に差し掛かった。そこで農家の前で降りると、やはりメーターは振り切れている。家の前庭には野菜などを洗う場所らしきところがあった。湧き水を使ったその洗い場は水が溜まったままだった。事故直後のままと考えられるこの洗い場の水を分析すれば放射能がどのように降ったかが、より正確にわかるはずだった。木村さんは洗い場の水を採取、さらに土壌、コケ、松葉を採取した。

土壌からは、一平方メートルあたり一億六〇〇〇万ベクレルのヨウ素一三一と、二二二〇万ベクレルのセシウムが検出された。これはとてつもない量だった。チェルノブイリの汚染区分でいう第一ゾーン、立ち入り禁止区域の下限値一四八万ベクレルの一五倍ちかい汚染レベルであり、この周辺は間違いなく第一級のホットスポットだった。

ちなみに午後四時半にポケット線量計を見ると、再び振り切れていた。長者原でリセットしてからまだ三〇分しか経っていなかった。後に広島大学の遠藤暁《さとる》さんが土壌の数値から計算したところ、この山田地区の農家の前庭の空間線量率は、毎時一・五ミリシーベルトだった。四〇分そこにいるだけで一般人の年間被ばく限度量一ミリシーベルトを超えてしまう高レベルの放射線量だ。

もちろんこのときは土壌汚染のデータはまだ得られなかったが、土地、土地の空間線量率の高さと増減の激しさから、木村さんと私はこの事故は局所的にはチェルノブイリ原発事故による放射能汚染に匹敵する、あるいはそれ以上に深刻な汚染をもたらした可能性があると実感していた。

しかし日本政府がチェルノブイリと同じ「レベル七」を宣言するのは、それから一ヵ月後のことだった。

注1　これまで広島・長崎に投下された原爆の衝撃波、熱線、放射線などによる身体への被災は「被爆」と表記されてきた。原子力施設での労働や事故などで放射線にさらされる場合は「被曝」と表記され両者は区別されてきたが、現在は総じて「被ばく」と表記されることが多い。

注2　放射性物質の出す放射能の強さが半分になる時間。

注3　空気中を漂う放射性物質を、電気でモーターを回して吸引し、フィルターに吸着させる装置。集塵力の強力なハイボリュームと、より緩やかなロウボリュームとがある。

注4　蛍光体が放射線のエネルギーを吸収すると発光する原理を利用した測定器で、一般に普及しているＧＭ（ガイガー・ミューラー）計数管を用いた測定器にくらべ、環境中のガンマ線を測る場合は高感度で、特に低線量域での計測が正確といわれる。

注5　旧ソ連の被災三ヵ国が汚染地区分を決めたとき、すでに事故から五年がたっており、半減期二年のセシウム一三四の大方が減衰していた。そのためセシウム一三七の濃度が基準とされた。これに対し事故から間もない福島の土壌汚染の度合いを計る場合にはセシウム一三四の濃度も加えることにした。

注6　チェルノブイリ原発四号炉から約一キロメートル離れた地点にある杉林で、事故後強い放射線により赤く変色したことで、そう呼ばれている。二〇一一年一〇月時点の空間線量率は毎時七〇～八〇マイクロシーベルト。

インタビュー1　木村真三博士に聞く・前編

３・11の猛烈な揺れは、勤務先である労働安全衛生総合研究所（川崎市）で感じました。この日はちょうど次年度の研究テーマのプレゼンをする日に当たっていて、僕は自分の順番が来るのを漫然と待っているところだったんです。

グラッと感じた瞬間、思わずテーブルの下に潜り込みました。揺れが収まってから、その様子を笑う同僚もいましたが、僕の中では「格好つけている場合じゃない。自分の身は自分で守らんと」という思いが強かった。そんな人間ですから、原発事故直後の現地入りも「功名を焦った研究者の命知らずの行動」だったわけじゃないんです。

地震が収まって真っ先に気になったのは、やはり妻と息子のことです。すぐに電話をしたけれどまったく繋がらない。焦りました。携帯電話から「生きています。そちらはどうですか」と妻にメールを送ったのですが、返信はありませんでした。

放射線医学総合研究所（放医研）を退職後、塗装工をしながら放射線の生物影響の研究をしていた僕にとって、ようやく手にした労働安全衛生総合研究所の研究員という立場は非常にありがたいものでした。ただ、もともとアスベストの調査の専門家を募集していた研究所にとって、僕は明らかに異質の存在でした。それまで研究所で扱わなかったテーマの研究を持ち込んだり、そのために新たな公的予算を引っ張ってきたりするので、他の研究者から浮き上がっていたのは間違いありません。

実際前年（二〇一〇年）の一二月には、研究所を所管する厚生労働省から出向している理事が全所員の前で僕を罵倒しました。「そんなにチェルノブイリの研究がしたければ放医研に帰れ」と。

さらに震災の二日前の三月九日には、研究所の理事会で「本研究は労働衛生の研究ではない」との理由から、チェルノブイリの研究を打ち切るよう通告され、そのために国からもらっていた科学研究費も返還するよう命じられていました。もはや研究所内で僕に認められた研究は、エックス線などを取り扱う医療従事者の被ばく調査だけでした。

そうした経緯から、いったん書き上げた次年度用の研究テーマの書き直しを余儀なくされていたのです。震災があった日は、まさにその審査を受ける日だったわけです。

地震のおかげで、その審査は打ち切りになりました。本当なら、すぐに研究所を飛び出して家族の元に駆けつけたいところですが、電車は止まっていて帰ることはできない。その日は仕方なく、職場に泊まり、翌朝一番で帰宅しようと考えました。

午前二時ごろ、少し仮眠でも取ろうかと思った矢先です。

「生きています」

妻からのメールが届いたんです。慌てて妻の携帯を鳴らしましたが繋がりませんでした。

翌日、電車が動いていることを確認し、妻子が暮らしている千葉県市川市の妻の実家に駆けつけました。幸いなことに妻と三歳になる息子は無事でした。医師である妻は市川でクリニックを開いていますが、僕は通勤の都合を考え、平日は都内のマンションで一人暮らしをしていました。家族で一緒に過ごせるのは週末だけだったのです。

週末の買い出しは、僕の役目でした。この日も息子を連れて買い物を済ませ、それから二人で公園に行き、一緒に遊びました。

息子と手を繋ぎながら帰宅すると、妻が慌てた様子で言いました。「福島の原発が爆発したみたい」。

すぐに研究所に向かわなければ、と思いました。急いで着替えながら息子に「お父さん、当分帰ってこられないかもしれない。お母さんの言うことをよく聞いているんだよ」と言い聞かせました。研究所から現地調査の指示が出るかもしれないと思ったのです。いや、指示がなくても現地調査には必ず入るつもりでした。

放射線衛生学を専門にしている僕にとって、原発事故のときほど働かなければならないときはありません。事故直後の調査を躊躇すれば自らの存在意義を失ったも同然です。「どんな事故が起こり、どのような放射性核種がどれだけ放出されているのか」をつかまないと、原発周辺の住民の方々や原発作業員の方々に及ぶ健康被害の実態を把握できません。半減期の短い核種はこうしている間にもどんどん減少してしまい、検知できないレベルまで減ってしまっているかもしれない。一刻も早く現地調査に乗り出す必要性を痛感していたのです。

市川の妻の実家から川崎の研究所まで、電車で約二時間半かかります。電車の中から、旧知の研究者仲間に宛て、僕の決意を記したメールを送りました。相手は京都大学原子炉実験所の今中哲二さん、小出裕章さん、長崎大学の高辻俊宏さんらごく少数の研究者です。放射線研究の世界で僕がいちばん信頼する恩師や同志で、一時期塗装工をしていた時代の僕の研究をサポートしてくれた人たちでもあります。

「原発が爆発した以上、今すぐ現地に入らないといけない。ただ僕一人では無理です。皆さんが現地入りできない場合は、僕が先鋒となりますから、後方支援をぜひお願いします」という内容で、仲間の奮起を促す〝檄文〟でもありました。研究所に着くまでに、小出さんや高辻さんから次々と返信がありました。いずれも「自分はすぐには入れないが、できることは何でもする」というものでした。後に彼らは、僕が現地で採取してきた土壌や松葉、水などのサンプルの放射線測定を引き受けてくれます。彼らの測定結果がなければ、僕の現地調査の意味は半減してしまったはずです。放射能汚染地図の製作は、この研究者のネットワークの存在があってはじめて可能だったのです。

その日、研究所にたどり着くと、携帯電話が鳴りました。

「どうしてる？」

相手はＮＨＫの七沢潔さんでした。

「どうしたも、こうしたもありません。いま研究所です」

――もう現地に行く準備をしているのか？

「もちろんです。準備はすでに終わって、いまから福島に行こうと思っています」

――ちょっと待て。早すぎるぞ。事態は動いていて、原発が次にどういう展開になるかわからないぞ。

「いま行っておかないと、これからどうなるかもわからないでしょう」

――実は番組を作ることになるかもしれない。そうなったらおまえさんにも協力してほしいんだ。やってくれるか？


七沢さんは、僕をチェルノブイリの調査に導いてくれた恩人で、いわばこの世界の兄貴分です。実は京大の小出さんらに送ったメールは、七沢さんを含むＮＨＫの知人数名にもＢＣＣで送っていたのです。その七沢さんから協力を求められ、断る理由がありません。

翌日以降、ＮＨＫでは七沢さんや大森淳郎さん、増田秀樹さんらを中心とする取材体制が急速に整っていきました。彼ら取材班と僕たち研究者仲間の共同調査はこうして始まりました。

僕の中で問題が一つだけ残っていました。職場の問題です。研究所は厚労省の所管の独立行政法人で、僕自身、国家公務員に準ずる立場にありました。

七沢さんはそんな僕の立場を心配してくれていました。「おまえさんは国の役人だ。この取材に巻き込むことでおまえさんに迷惑がかかるようなら、俺たちは別の人間を探してもいいぞ」。そう言って気遣ってくれたのです。

しかしその心配は無用になりました。自ら研究所を離れることを決めたからです。

福島第一原発の一号機が水素爆発を起こした翌一三日、労働安全衛生総合研究所から職員に対して一斉送信でメールが送られてきました。〈行動は本省ならびに研究所の指示に従うこと。勝手な行動は慎んでください〉という内容です。

役人の発想でした。おそらく、「調査は事故が一定の収束を見てからでいい。事後調査で十分だ」と考えたのでしょう。脱力感と憤りを同時に覚えました。もうこの研究所にはいられない。そう思いました。

チェルノブイリの調査を止められてから、近い将来、研究所を辞めようという決心はついていました。「これまで調査に協力してくれた現地の医師や研究者、日本のチェルノブイリ支援団体、それにこの研究をサポートしてくれた国内の研究者たちに対して申し開きもできない、他の研究職を見つけたらすぐに辞めよう。それまでは、国や研究所から予算が付かなくても、チェルノブイリの調査は自腹を切ってでも続けよう」。そう思っていた矢先のことだっただけに、踏ん切りはすぐにつきました。

辞表を書こうと机に向かって気づきました。さて、辞表ってどう書けばいいのか？　そこでインターネットで調べて、辞表の例文を探しました。そうして、例文を丸写ししただけの辞表を、研究所の総務課長の机の上にそっと置いてきました。妻には事後報告です。これで、もう僕の調査をじゃまするものはありませんでした。

ＮＨＫのＥＴＶ特集取材班とともに福島県に向けて東京を発ったのは三月一五日のことです。取材班が用意してくれた、「緊急車両」の許可を取った車両に乗り込み、一般車両の通行が制限されている常磐道を北上しました。

途中、千葉県と茨城県の境目付近の守谷サービスエリアに立ち寄ったときです。驚くべき事態に遭遇しました。手元の線量計で毎時三マイクロシーベルトもの高い線量率を示したのです。チェルノブイリの原発から二〜三キロメートルの地点にあるコパチ村の現在の値と同等の線量です。「ありえない……」。線量計の値をにわかには信じられませんでした。緊張感が高まりました。

ところが常磐道を北上すると、どんどん線量が減っていくんです。あれっと思っていると、北茨城市あたりからまた徐々に線量は上がってくる。そのときには正確なことはわかりませんでしたが、「おそらく高濃度の放射性物質を含んだ気団（プルーム）が福島から南へ移動している。われわれはちょうど守谷でその気団と遭遇したのだろう」と分析したのですが、実際にそうだったことは後の各種報告で判明しています。

福島での調査は、ベースキャンプとなる宿のある三春町を皮切りに、常葉町、都路町、大熊町と進んでいきました。そこで遭遇したのが、第一原発から四キロメートルほどの地点にある双葉町山田地区です。僕の持ってきた線量計で測れる最大値毎時三〇〇マイクロシーベルトをオーバーする線量を記録した地点です。チェルノブイリに通算で一五回通い、東海村ＪＣＯ臨界事故の調査にも携わってきた僕にとっても、この線量ははじめて体験する未体験ゾーンだったのです。

第二章

科学者のネットワークを組む

七沢 潔

サンプルは三つの大学で分析された

三月一六日に木村真三さんが採取した土壌や植物のサンプルは厳重に遮蔽して、一七日に東京に持ち帰られ、すぐに同じチームの池座ディレクターの手で京都大学の今中哲二助教のもとに運ばれた。今中さんは私の二〇年来の知人で、チェルノブイリ原発事故取材のときからご教示をいただいてきた間柄である。木村さんと私が知り合ったのも、今中さんが主宰する研究会を通じてだった。木村さんは今中さんを「兄貴」と呼んで慕っていた。

手提げ袋にいっぱいのサンプルを受け取った今中さんは、放射線測定器を近づけたが、すぐに検出限界の毎時二〇マイクロシーベルトをこえ、振り切れてしまった。その線量の高さに、チェルノブイリの汚染地帯に何度も調査に行っている今中さんも驚きを隠さなかった。

三月一九日、池座は、「株分け」したサンプルを広島大学の遠藤暁准教授と静間《しずま》清教授のもとに運んだ。遠藤さんは木村真三さんの長年の友人で、木村さんが五年前に放射線医学総合研究所を辞めたあと、一年半塗装工として働いていたときにも連絡を絶やさず付きあってくれた、「本当の仲間」だという。静間さんは、原爆投下後に広島に降った「黒い雨」の共同研究などに携わった環境放射能研究の専門家で、今回は主に採取した植物や水の放射能測定を担当した。

遠藤さんと静間さんの測定で、原発から四キロメートル地点のホットスポット、双葉町山田地区の農家の洗い場に溜まっていた水からは、一キログラムあたり八一万ベクレルのヨウ素一三一、二万三〇〇〇ベクレルのセシウム（一三四＋一三七）が検出された。ともに日本の飲用基準値の二七〇〇倍、一一五倍にあたる、驚異的な汚染度であった。

静間さんはさらに、松葉など採取した植物をイメージングプレートと呼ばれる装置にかけた。検体をノートパソコンのような形のプレートにはさんで放射線のエネルギーを視覚化するこの装置は、松葉などに沈着した放射性物質が放つ放射線の強弱をとらえ、画像化する。

たとえば図5（巻頭カラー）を見ると、福島原発から八四〇キロメートル離れた広島大学東広島キャンパスでとられた松葉にくらべ、原発から七八キロメートルの中郷サービスエリアでとられた松葉の画像は、放射線の強い黄色部分が多く、さらに強いエネルギーを表す赤色も点在する。それは原発から二二キロメートル地点の都路町（都路中）ではさらに顕著となり、四キロメートル地点の双葉町山田地区では赤色と黄色だけの鮮明な画像となる。

池座はさらに三月二〇日には、やはり同じように株分けされたサンプルを長崎大学に運んだ。ここで高辻俊宏准教授が、二〇サンプルが自動的に分析される最新鋭のガンマX型ゲルマニウム半導体検出器を用いて精力的に解析した。

事故後のチェルノブイリに二〇回以上足を運び、測定活動をしてきた高辻さんは、福島でとったサンプルの放射性核種の構成とその比率は、場所や種類によるバラつきが少なく、ちょっと採取場所がずれると全然違う核種が発見されたチェルノブイリとは様相を異にするという。その原因を、一度の巨大な爆発によって原子炉が破壊され、四万度を超える高温の中、核燃料が溶けて飛び散ったチェルノブイリではほとんどの核種が放出され、原発の近くにはプルトニウムやストロンチウムも多く降り注いだが、福島ではそれほど巨大な爆発でも高温でもない中での放出で、しかも四つの原子炉から持続的に放出されたことが、外に出た放射能の構成（顔）を一律化したのではないかと推測していた。

原子炉が停止した直後ゆえにヨウ素一三一やテルル一三二などの量の多さが目立つが、半減期が短いので一ヵ月後にはかなり減衰し、汚染の中心は量のバランスが一対一のセシウム一三四と一三七に移ることが予想された。

また高辻さんは、原発から四キロメートルの双葉町山田地区でとった水、土壌、松葉からネプツニウム二三九という、放射性核種が検出された可能性があると報告した。

ネプツニウム二三九はウラン二三八に中性子が当たってできる物質で、半減期はわずか二・三五日だが、崩壊するとプルトニウム二三九に変わる。もしそうであれば、核燃料が飛び散っていることになり、吸い込むと肺ガンを引き起こす猛毒のプルトニウムが同じサンプルから検出される可能性は高い。このサンプルは後に金沢大学に送られた。金沢大学は、プルトニウムの測定ができる日本でも数少ない研究機関である。

木村真三さんが福島で採取したサンプルは、こうして京都大学、広島大学、長崎大学、金沢大学などに送られ、それぞれが測定した結果を互いに交換して、チェック、検討の上で修正が加えられていった。これはクロスチェックと呼ばれ、分析データの精度を高めるために用いられる手法だという。

その後、三月二〇日、二一日には広島大学の遠藤暁さんも参加していわきから川内村、葛尾《かつらお》村、飯舘村へと、原発から半径三〇キロメートル圏を南から北に向かって移動しながら、サンプリングする調査が行われた。またそれ以後も取材の合間に新しい場所でサンプリングを行ったので、木村さんの調査研究チームでは採取日時がそれぞれ異なるデータを比較可能にするために、半減期を計算してすべて三月一五日一七時の時点の数字に換算することにした（巻頭カラー図2参照）。

放射能汚染地図をつくるため、岡野眞治博士に会う

木村真三さんとサンプリング調査をしながら、三月の後半になると私の中であるアイデアが浮かび始めた。それまでは、原発からの距離に応じて地点を決め、西から東、南から北へと十字を切るように一〇以上の地点でサンプリングしてきた。これにより汚染が必ずしも原発から同心円状に広がっているのではなく、原発からの距離が同じでもセシウムの濃度には高低があり、また距離の離れたところが近いところよりも高濃度に汚染されている場合もあることがわかった。しかしそれは、あくまで地点ごとの汚染データであり、いわばデッサン程度の実態調査だった。

私の中で、点と点を結んで汚染を線で捉え、さらにそれを面に変えていく、つまり放射能汚染地図をつくりたい、という思いが輪郭を持ち始めたのである。そこで脳裏に浮かんだのが、ある老科学者のことだった。

岡野眞治博士。六〇年にわたり放射線測定をしてきた日本の第一人者である。戦後、理化学研

究所に入り、日本の原子物理学の父と呼ばれた仁科芳雄博士に師事した岡野さんは、一九五四年には日本政府の調査船「俊鶻丸《しゅんこつ》」に乗ってアメリカが水爆実験を行ったビキニ環礁に出かけた。

科学技術庁の顧問や原子力安全委員をつとめ、アメリカの原子力艦船が横須賀や佐世保で放射能漏れを起こすと現地に飛び、測定調査をしてきた。

私は、チェルノブイリ事故の一年半後に食糧と人体の放射能汚染をテーマに放送した番組（NHK特集『放射能食糧汚染～チェルノブイリ事故・2年目の秋』一九八七年一一月放送）の制作のとき岡野さんと初めてお会いし、以後二四年の間、折に触れお会いして、放射線に関わるさまざまなことを教えていただいてきた。

岡野さんは、ヨウ化ナトリウム（NaI）の検出体を使って環境中の放射線量を正確に計測するガンマ線シンチレーションカウンターと、六秒ごとに計測された放射線量とGPSによる位置情報を記録する装置、さらにどんな放射性核種があるかを判明するスペクトロメーターを結びつけた独自の放射線測定記録システムを開発していた。

このシステムを列車や車に持ち込み、ある地点からある地点へ移動する間測定し続けることで、その間の放射線量の推移と、どんな放射性核種がそこに存在するかを記録に残すことができる。チェルノブイリ事故の年に作った番組でも、翌年の私の番組でも、NHKはこのシステムを使ってヨーロッパの放射能汚染地図を作成した。

私はそのことを知っていた。だから今回の番組取材の当初から岡野さんのことが気にかかっていた。

　ただし二四年前に還暦だった岡野さんは、いまや八四歳のご高齢。数年前に手術をされたことも知っていたので、仕事の相談をするのが憚られていた。だが、それが杞憂であることはすぐにわかった。

　福島での最初の取材から帰ってすぐ、私は恐る恐る岡野さんに電話をかけた。すると電話口に出た岡野さんは、開口一番、「福島のことでしょ」と言い、先刻こちらの腹積もりを見抜いていた。そこからは話が早かった。三月二三日に鎌倉のご自宅をお訪ねすることを約束し、木村真三さんを連れて訪問した。

　木村さんと岡野さんは実質的には初対面だった。実質的と断るのは、実は木村さんは放射線医学総合研究所に所属した時代に岡野さんを職場で見かけたことがあったからだ。ただし、当時研究職についたばかりの若者にとって、高名な老科学者は近寄りがたい雰囲気の存在だったのであろう。言葉は交わされていなかった。

　岡野さんに招き入れられ、居間に通されても木村さんは少し緊張気味だった。岡野さんは挨拶代わりにグラフが印刷された一枚の紙を木村さんに渡した。

「これが、今日のこのあたりの放射線量です。これがヨウ素一三一、これがセシウムのピーク」

　それは自宅に設置されたガンマ線シンチレーションスペクトロメーターによって測定記録された、三月二三日の、鎌倉自宅周辺にある放射性核種の全貌だった。

「ええっ、今日のデータですか？」木村さんは度肝を抜かれたような声を出す。

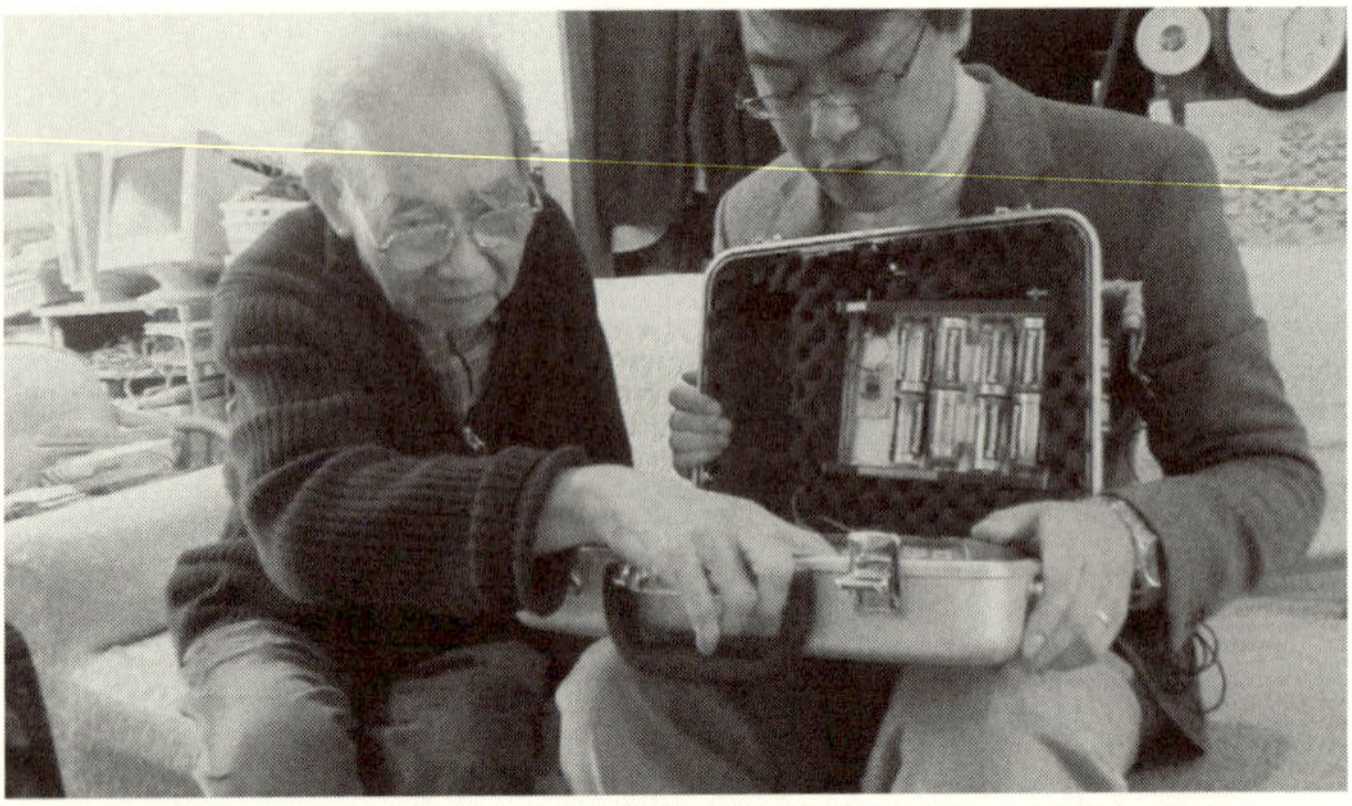

岡野博士（左）から放射線測定記録装置の説明を受ける木村博士（右）

岡野さんはしてやったりと、四〇歳も年下の、孫のような科学者の顔を見る。そして数年前の手術とその後オートバイに乗っていて転んだ後遺症で不自由になった両足をさすりながら、ジュラルミンでできたアタッシュケースを持ってきて、「これを持っていくといいよ」といって木村さんに渡し、中をあけて説明した。

「これはふだんは『しんかい2000』に積んで海底の断層を調べるのに使っているけどね」

と岡野さんが言うこの装置は、先述した放射線量と位置情報と放射性核種の種類別のエネルギーが記録される装置を小型化して、一つのケースに収まるようにしたものだった。これならば持ち運びやすく、しかもスイッチなどはかなり簡略化され、操作しやすくなっていた。

岡野さんは木村さんに「こういう事故の場合ね、事故が起こった現場に行ってみることと、逆に遠くに離れて事故の全体像を見ることが大事なんだな」とアドバイスした。

老人の「知恵」と若者の「行動力」。小柄な岡野さんと、長身で筋肉質、若々しい木村さん。年齢も身体の大きさも三回りほども違う初対面の二人が並んで座る姿を見ながら、撮影する大森も私も、「ナイスコンビだね」と心に思った。

「事実を伝えたい」しかし提案は却下された

そのころ、事故発生から一〇日以上がたっていたが、相変わらず政府の情報公開は進まず、マスコミも東電や保安院の発表を垂れ流し、政府や原子力の専門家と称する人たちの「大丈夫、安全です」をそのまま伝える「大本営発表」に終始していた。

そこには取材によって得られた「事実」がなかった。根拠も裏付けも薄弱な言説だけが流布していた。何より、事故によって何が起こったのか、そこで生きる人々はどうしているのかについての、目に見える情報がなかった。

土壌や植物のサンプリングで汚染実態を把握する基礎をつくり、岡野さんから借りた放射線測定記録装置を積んで福島県内の主要道路を車ではしり回ることで必要なデータを収集し、放射能汚染地図をつくる。この二面作戦でことを進めれば、いま必要とされる番組をつくることができる、と私はこの時確信していた。さらにそのプロセスを記録し、取材途上で出会う人々が遭遇している困難な現実を描くことで事故後の福島を記録するドキュメンタリーともなる。

しかもこの「放射能汚染地図」という提案は、NHKにとって「成功体験」の記憶がくすぐられる企画となるはずだった。実はチェルノブイリ原発事故直後に作られたNHK特集『調査報告チェルノブイリ原発事故』という番組は岡野さんの指導でヨーロッパの放射能汚染地図づくりに挑み、国際コンクールで金賞を受賞していた。しかも、そのときの番組ディレクターが、提案採択の最高責任者である放送総局長になっていた。私は、この提案ならば通る、と読んでいた。

だがその見通しは甘かった。

私は久しぶりに本来の職場である愛宕の放送文化研究所に出た。すると管理職がきて「七沢さん、福島のやばいとこ行ってないですよね？」と尋ねる。どうやらまた報道局から「政府の方針に従い、原発から半径三〇キロメートル圏内に入らないこと」という確認のお達しがあったようだ。私は「もちろん」と答えておく。「もちろん入っていない」ともその反対ともとれる便利な言葉だ。管理職もそれ以上突っ込まない。本当のことを知ったら、彼も困るからだ。

やがて大森から電話が入った。どうも提案の雲行きが怪しいので、制作局の幹部と話し合うことになった、渋谷の放送センターに来てくれないか、と言う。私は渋谷で予想外の展開になっていることにいら立ち、隣の席の後輩・東野真主任研究員に不満を言った。すると私をよく知る東野は、

「七沢さん、何を言われても切れてはダメですよ。たぶん『反原発』をやるな、っていうことでしょうから、番組はバランスがとれていることを冷静に伝えるほうが効果的ですよ」

このアドバイスはその後の展開に重要な作用を及ぼすことになる。

夕刻、放送センターの会議室で制作局の幹部二人と私、大森チーフディレクター、増田チーフプロデューサーが対面した。幹部は厳しい目つきで話しはじめた。

「君たちの取材では、京都大学原子炉実験所の小出裕章助教に分析を依頼しているようだが、彼の分析をめぐって私が信頼する学者のHさんが『偏向している』と異議を唱えている。そんな学者に寄りかかってつくるような番組を許可するわけにはいかない」

幹部の言ったのはそのような要旨であった。

実は三月一八日に大阪・熊取にある京都大学原子炉実験所で「原子力安全問題ゼミ」という市民と専門家が集う勉強会があり、そこで木村真三さんが三月一五日に台東区の自宅マンションのベランダで採取したエアサンプル中の放射能の分析結果が小出助教によって発表された。ところがその被ばく線量評価をめぐって、NHKにもよく登場する科学者Hさんと小出助教の間で、ちょっとした論争が起こった。それをその場に居合わせたNHKの人間が幹部に報告していたようだった。

実はその発表の場には私もいた。そこで幹部に「あのような議論というのは研究者の世界では珍しいことではありません。それをもってダメというのもいかがなものでしょう」と言うと、幹部は「Hさんのようにバランスのとれた先生を怒らせるのだから、問題のある学者だろう」と言う。この一言に私は切れかかった。第一に小出さんとは二〇年来のお付き合いをしているが、科学者としてだけでなく人間としても誠実なすばらしい人物である。第二にHさんが当日議論を仕掛けたのは、居並ぶテレビカメラの前でのパフォーマンスと、現場では語られていた。又聞きの、必ずしも正しくない情報を根拠に番組をつぶされるのは納得できない。

だが私はここで、東野の言葉を思い出した。要するに幹部たちは、京大の小出さんという反原発運動のシンボルに番組をゆだねることを憂えているのだ。もちろん、これだけの事故が起こった後でも、これまで真摯な警告を発し続けた科学者に「反原発」のレッテルを貼って遠ざけようとする考え方には落胆させられる。しかしここでその議論をしても相手はさらに硬直するだけだろう。小出さんには義理が果たせず申し訳ないが、ここは衝突を避けて何としても提案を通さなければならない。それならば、幹部が指摘していることは事実ではないことを伝えればよい。

「ご心配の向きはわかりました。ただこの番組の科学的分析に参加するのは京都大学原子炉実験所だけではありません。広島大学、長崎大学の先生方も自分たちのラボを使って協力してくれます。サンプルとデータは三つの大学の間で共有し、より正確なデータにするためクロスチェックをします。それから、チェルノブイリ以来、ＮＨＫが原発の番組で監修をお願いしてきた元原子力安全委員の岡野眞治さんも、汚染地図づくりに参加されます。だから、全然偏ったスタッフ構成ではありません」

「そう……それだったらまあ……」

幹部は少し折れてきた。そこで私は付け足した。

「もちろんご案内のとおり、岡野さんはいまの総局長が作られてモンテカルロ国際テレビ祭で金賞をとった放射能汚染地図の番組の監修もされています」

結局この会合で幹部は四月三日に放送する提案としての「放射能汚染地図」を却下した。しかし、提案を書きなおしての再提案には道を残すことを約束した。私たちの企画は首の皮一枚でなんとかつながったのだ。

私のこのときの振る舞いを、大森と増田は驚きの表情で見つめていた。大森は最初のやりとりを見て「もうこれで終わりだ」と観念していたと言う。確かに、かつての私なら、その場で爆発していたであろう。

後日、『ネットワークでつくる放射能汚染地図』が放送されたあと、私はこのとき冷静に対応するよう諭した東野主任研究員の一言をありがたく思い出した。持つべきものは友、であった。そしてこのとき応対した制作局幹部が、後には私たちの味方となって放送の実現に尽力してくれたことも、ありがたいことであった。

戦線を立て直し、再び福島へ

この時点で「放射能汚染地図」の番組は先延ばしとなったため、ETV特集は四月三日の日曜日の放送枠が空きとなった。放送までわずかに一〇日しかない。

震災前に予定していた日系英国人作家のカズオ・イシグロについての番組を放送する手もあったが、増田チーフプロデューサーは新年度の最初の番組はやはり、震災・原発を焦点にしたい、とこだわっていた。

そこで私は大森を通じて「三春町に玄侑宗久《げんゆうそうきゅう》さんという芥川賞作家が住んでいて、震災後、盛んに発言している。彼と誰かの対談を組めば、一週間で番組ができる」ことを伝えた。増田はすぐに動いた。部長の了解を取り付けると、若い梅原勇樹ディレクターを担当に抜擢、出演交渉に入った。玄侑さんの了解はすぐにとれた。しかし最初に対談相手の候補にあげた作家の髙村薫さんは、震災・原発事故から日が浅く、まだ考えが整理されていないことを理由に断ってきた。そして最終的にはノンフィクション作家の吉岡忍さんが対談相手に決まった。

三月二六日、ETV特集班はロケ車二台からなるチームを福島に派遣した。なんとか命脈を維持した「放射能汚染地図」の番組取材を前に進めるためである。私と木村真三さんが乗り込み、今井秀樹ドライバーが運転するワゴン車、原発から半径三〇キロメートル圏外の取材をする石原大史ディレクターと撮影部の服部康夫チーフカメラマンと大森が乗り込み、丹野進ドライバーが運転するワゴン車。二台の車は木村真三さんの指導で、汚染が車に付着するのを防ぐためビニールシートによる養生が施され、一路福島に向かった。

二台は途中分かれた。七沢、木村は今井車に積んだ岡野さんの放射線測定記録装置を動かして、汚染地図づくりに着手、大森は郡山で降りてレンタカーを借り、単身、三〇キロメートル圏内の取材に向かった。石原は服部カメラマンとともに丹野車で、原発から四〇キロメートル離れていながら、高濃度の放射能汚染に見舞われた飯舘村に向かった。

石原は「志願」してきた三人の三〇代のディレクターの一人だった。三人がすべて汚染地帯に入って取材したがったが、独身である他の二人と違い、石原は既婚で、すでに二人の子どもがいた。五〇代の私や大森と違い、細胞分裂がまだ盛んな彼ら三〇代の男性にとっては、万が一ではあっても、取材を通した被ばくにより生殖機能や遺伝子に影響を受ける可能性があった。その場合に備え、未来の可能性が奪われることが最も少ない選択をしなくてはならない。それが石原を抜擢した唯一の理由だった。

この三チームはそれから五日間、夜は三春町の旅館に泊まって、その日の撮れ高や取材内容を情報交換し、朝には各自のポケット線量計の値を木村さんがノートしながら、あたかも合宿のような毎日を過ごした。

そして二八日になると、四月三日放送の対談番組の収録のため、梅原と池座が率いる五人の技術スタッフが三台目のロケ車に乗って合流した。深夜に到着した吉岡忍さんも加わった翌朝の朝食は、一五人もの大人数で、原発事故後一時は閑散としていた旅館が、にわかに賑わいを取り戻したかのようであった。

第三章

三〇キロメートル圏内屋内退避ゾーン

取り残された人々と動物たち

大森淳郎

灯りの消えた村で産気づいた馬に出会った

三月二六日。私は郡山でレンタカーを借り、一人、葛尾村を目指していた。ナビに入力した行き先は葛尾村立葛尾中学校。一時間半ほどの道のりだ。郡山から、福島第一原発のある大熊町に通じる国道二八八号線を一時間ほど走ると、やがて警察の検問があった。その先が、原発から半径三〇キロメートルの同心円の内側なのだった。一瞬、緊張したが、NHKの取材であることを説明すると、あっけないほど簡単に通過できた。

行き交う車が減る。周囲の家に人の気配はなく、コンビニもガソリンスタンドも閉ざされていた。燃料計が気になる。ガソリンが不足していて、レンタカー店を出発するときも、満タンにはしてもらえず、燃料計は七割あたりを指していた。高濃度放射能汚染地帯でガス欠はごめんだ。だが、ハイブリッド車の燃費は想像以上に良いようだ。給油の困難が予想されたために選んだ車だった。なんとかなるだろう。もうしばらく走り、三九九号線との分岐を左折すれば、めざす葛尾村のはずだった。

その前夜、私たちはETV特集班の隣にある会議室に集まり、今後の取材方針を話し合っていた。原発事故発生の四日後から、私たちは、一つの撮影クルーで土壌のサンプリングや、空間線量の測定など、科学調査を始めていたが、このとき、クルーは四つに拡大していた。科学調査と並行して、放射能汚染地帯の人間模様に取材を拡げるためだった。放射能汚染の実測をしながら、そこで出会う人々の現実を見据えてゆく、それが私たちの番組の方法論だった。やがてできる放射能汚染地図は、科学調査に基づく「汚染実態の地図」であると同時に、放射能に翻弄される「人間の地図」でもあるはずだった。

私たちは、会議室のテーブルに福島県の地図を広げて、四つのクルーの分担を決めていった。科学調査を継続するクルー、高濃度に汚染された農村地帯としてクローズアップされていた飯舘村を取材するクルー、人口が集中する都市、福島市に入るクルー、そして原発から半径二〇キロメートルと三〇キロメートルの間の、ドーナツ状の地域を担当するクルーだった。最後のクルーの担当が私だった。クルーといっても、カメラマンもドライバーもいない、一人だけのクルーだ。高線量が予想される地帯は、五〇歳以上の担当、それが私たちの間の暗黙の了解だった。

このエリアは、三月一五日から屋内退避地域とされ、二五日からは自主避難が要請されていた。それにしても、自主避難とはあまりに無責任な言葉ではないだろうか。それは住民に十分な情報と知識があることが前提にあって、初めて使える言葉のはずだ。しかし、実情は違った。住民は、自分の住む場所の汚染度も危険性も正確に知ることはできないでいたのだ。目に見えず、においもない放射能に怯える住民は、逃げるも残るも自己責任と突き放されていた。私の目的は、その現実を取材することだったが、出発の前から一つの問題に直面していた。NHKでは、原発から三〇キロメートル圏の内側の取材が、三月一五日から禁じられていた。にもかかわらず私と七沢は、木村真三さんと共に三月一六日この禁を破って原発から二・四キロメートルの地点まで取材に入っていた。一方NHKでは三月の末になっても取材規制が続いていた。政府の意に従って、というのがその理由だった。だが、私たちには納得できるものではなかった。

そこにはまだ人間が暮らしているのだ。NHKを含め、大手マスコミは、三〇キロメートル圏内の放射線量についても「ただちに健康に影響はありません」という例のフレーズを垂れ流し続けていたが、自分たちはその中には入らない。もし、自分たちが一時でも入れないほど危険な地域と本当に考えるのなら、「ただちに健康に影響はありません」という政府の発表を、徹底的に批判しなければ論理矛盾であろう。これではマスコミが信用を得られるはずはなかった。

私は二〇〇九年、ETV特集『戦争とラジオ』を制作した。戦時下、ラジオ番組の制作にあたっていたNHKの大先輩を訪ね、証言を聞いて歩いたのだが、印象的だったのは彼等が必ずしも「大本営発表」を信じていたわけではない、ということだった。ある先輩は私にこう語ってくれた。

「そんなこと局内では口にすることすらできませんでした。北の果てまで転勤ですよ」

戦争という巨大な出来事に対して、転勤話とはあまりに小さすぎると笑う人もいるかもしれない。でも、私には身につまされるリアルな証言だった。自主規制とは、つまるところ一人一人の心の内にある。

三〇キロメートル圏内に入ることは、内規違反であるが、問題が起きたらその時はその時だ、そう考えて準備を進めていると、増田チーフプロデューサーが、「朗報」をもたらした。三〇キロメートル圏内の取材が解除されたというのだ。

「ニュースを見ていたら、三〇キロ圏内の映像も出ていた。制限は解除されたようだ。堂々と入りましょう」
増田はそう言った。それが「朗報」ではなく「誤報」であったことがわかるのは、三日後のことである。

二八八号線を左折し、三九九号線に入ると、まもなく、牛の絵が描かれた大きな看板があった。和牛の里、葛尾村とある。阿武隈高地にある葛尾村は人口およそ一六〇〇人、葉タバコや高原野菜、そして畜産が村の主産業だ。村はその大部分が、福島第一原発から半径二〇キロメートルと三〇キロメートルの間に入る。葛尾村は、三号機原子炉建屋で水素爆発が起こった三月一四日の夜、全村避難を決めた。住民たちが、村営バスで、あるいは自家用車で村を脱出したのは、午後一〇時四五分のことだった。役場も会津坂下町にその機能を移転させた。しかし、その葛尾村にも事情を抱えて村に残っている人がいるはずだった。そういう人の話を聞きたいと私は考えていた。科学調査のクルー以外は、どのクルーにも具体的な取材予定があるわけではなかった。とにかく現地へ行く。それが唯一の方針だった。

私は、葛尾中学校のかたわらに車を停めた。一週間前、木村真三さんと広島大学の遠藤暁さんが土壌のサンプリングを行った場所の一つだった。学校は小高い丘の上に建っており、その斜面が地震によって崩れ落ちていた。午後三時半、部活動の子供たちの声が響いているはずの時間だったが、校庭は静まり返っている。生徒たちは、会津坂下町をはじめ各地の中学校に散り散りになって転入していた。中学校のある高台からは、村の中心部を見渡すことができる。私はここで日没を待つことにした。村に残っている人がいるとしても、放射能を恐れて家の中でひっそり息をひそめているだろう。人を探すには、一軒一軒を訪ねて歩かなければならない。でも、夜になれば、人がいる家には明かりが灯る。それが私の狙いだった。

車中で、レインコートを羽織り、マスクを着けた。活性炭が五層になっている特殊なマスクである。鉛でも着ない限り何を着ても、空中の放射線は、衣服を貫き、被ばくする。それは避けられないが、内部被ばくを最少にするために、放射性物質を吸い込んだり、体に付着させることは、できる限り避けなければならない。私たちは、取材に出る前、木村真三さんから放射線防護のレクチャーを受けていた。装備を固めてから車外に出て、道路のかたわらに三脚を据えた。五〇戸ほどの民家が見渡せるが、人の気配はまったくない。木々を揺らす風の音だけが、やけに大きく聞こえる。車が通らない交差点の信号機が、赤になったり青になったりを規則正しく繰り返している。無人地帯。SFの世界に迷い込んだような気分だった。まだ、空は明るい。長期戦を覚悟しなければならなかった。

車に戻りラジオをつけた。「がんばろう東北。がんばろう福島」。スポーツ選手や芸能人のエールが繰り返されていた。そして坂本九の「上を向いて歩こう」。いい歌だなあ、こんなに個性的な歌い方だったんだ。〝うえをむういて、あああこおおお〟いっしょに歌った。再び、「がんばろう福島」。もう耳を傾ける気にはなれず、スイッチを切った。静けさのほうが、心地よかった。

私は原発事故が起こってから四日後には福島に入り、無我夢中で、刻々と動く事態に対応してきた。激務ではあったが、誤解を恐れずに言えば、楽しい時間も少なくなかった。通常、私たちETV特集のグループは、皆、単独で仕事をしている。隣の席の人間が何を取材しているのか、知らないことも珍しくはない。一匹オオカミ、それがこの班の伝統であり誇りでもある。しかし、私たちは、原発事故という巨大な危機を目の前にして、同じ一つの高揚感に包まれていた。宿に戻れば、酒になる。議論、バカ話、時に言い争い。静かに考える間もなく、走り続けていた。しかし、このとき、私はまぎれもなく一人ぼっちだった。ポッカリとできた何もすることがない時間。私は自省的になっていた。

私はNHKに入局して三〇年になる。チェルノブイリ原発事故は、入局四年目のことだった。とてつもないことが起きたと思った。しかし、そのときも、それからも、原発の問題を自分の仕事として考えたことはなかった。今回の番組の企画者であり、取材チームのヘッドである七沢潔は、一貫して原発問題に取り組んできた。その仕事を敬意をもって見続けてきたが、自分のテーマにしたことはなかった。科学的素養に欠けるから、という理由はあったが、それだけだっただろうか。私は一九五七年の生まれだ。東海村の原子炉が、初めて臨界に達した年、すなわち日本に初めて原子の火が灯った年に私は生まれた。幼少のころのヒーローは鉄腕アトムだった。アトムは、その胸にある原子炉が生み出す一〇万馬力で空を飛び、悪をやっつける。その妹はウランちゃんだ。科学が未来を切り開くと信じられていた時代。原子力はその象徴だった。そういう時代に生まれ育った私自身、原発の安全神話に、無自覚のまま、どっぷり浸かっていたのではなかったろうか。

日が暮れ、民家の間に明かりが灯り始めた。私は、車から出て、三脚に据えたカメラのファインダーを覗いた。ズームレンズの倍率を最大にして、明かりの一つ一つに目を凝らす。どれも街灯だった。定刻に点灯するシステムが生き続けているようだった。街灯が照らす周囲の家々は真っ暗のままだ。三〇分ほど待ったが、変わらない。闇に包まれ、心細さがつのった。木村さんからは、禁じられていたが、防護マスクを外してタバコを吸った。こうしている間にも放射線は私の体を貫いている。そろそろ宿に帰るときだ。

あきらめかけていたとき、村の中心部から離れた山の中腹に、かすかな光があることに気がついた。それまで家が密集するあたりにだけ注目していたので、見落としていた光だった。あわてて、ファインダーをのぞくと、明らかに街灯とは違うやわらかな光だった。カーテン越しに窓から漏れる灯。人がいる！

あわてて、その灯を撮影し、三脚を車のトランクに放り込んだ。感傷も自省も吹き飛んでいた。その家までは車で三分もかからなかった。路肩に車を停め、真っ暗な坂道を上っていくと、犬がけたたましく吠えた。二、三匹いるようだった。繋がれているのかもわからない。後で、この犬たちは、なんとも人懐こい、アメリカン・コッカスパニエルと、小型のコリー、そして柴犬の三匹であることがわかるのだが、このときは土佐犬かシェパード犬のような番犬としか思えなかった。遠くから大声を出した。

「夜分、申し訳ありません。ＮＨＫの者です。お話を聞かせていただけないでしょうか」

犬たちが、狂ったように吠えたてる。家の人はなかなか、出てこない。怪しまれても無理もないシチュエーションだった。

「なぜ、村に残っているのか、知りたいんです」

犬たちの声に抗《あらが》って呼びかけると、ようやく、扉が開く気配があった。あわててもう一度、来意を説明すると、犬をなだめる声が聞こえた。

私は家の中に招き入れられた。壁際に競馬の優勝記念写真が、何枚も飾られていた。家の主は、篠木《しのき》要吉さん（五六歳）。競走馬を育成する牧場主だった。居間には、要吉さんと奥さん、二一歳になる長男の祐一郎さんがいた。他に、大学生の長女・次女、高校生の次男、そして要吉さんの両親がいっしょに暮らしているという。突然の夜の訪問の非礼をわびる私に、奥さんが、よく冷えたドリンク剤を出してくれた。周囲に誰もいなくなってしまった篠木さん一家にとって、強盗の類でない限り、訪問者は歓迎だったのかもしれない。私は、ドリンク剤をほとんど一息に飲みほした。

「今、ここを出るわけにはいかないんです」要吉さんが、村に残った理由を語り始めた。それは、私の貧困な想像力では、とても予想できないことだった。

「分娩を控えている馬がいるんです。もう、予定日は一週間も過ぎていて、いつ生まれても、おかしくない状態です。そんな馬を連れて移動できるわけがないでしょう。生まれてから、人間だけ避難して通って世話をするといったって、仔馬がしっかり自立するまでは目を離せない。私がいなければ死なせてしまうんです」

要吉さんにとって、仔馬の誕生は、最も楽しみな出来事のはずだった。牡なのか、牝なのか。足の強さは。ひづめは頑丈か。気性も大事だ。そのすべてを兼ね備えた仔馬が、もうすぐ生まれるかもしれない。期待に胸が躍るとき、原発事故が襲ったのだった。

「朝、起きるでしょう。きれいなところなんですよ、ここは。生まれてからずっとここにいますが、それでも毎朝、思うんです。きれいなところだなあって。そんなところに、放射能なんて汚いものが降ってくる。なんでこんなことが起きるんだろう」

要吉さんは、怒りを抑えるように言った。篠木牧場は、大正時代から八〇年以上続いている。要吉さんで五代目だ。福島みやげに三春駒という民芸品がある。頑健な馬の特徴をよく表している木製の玩具だ。葛尾村は、江戸時代から名馬とうたわれた三春駒の産地として知られていた。昭和に入ってからは、葉タバコ農家の副業としてアラブ馬の育成が広く行われてきた。しかし、過疎化の波に洗われる中、次第に村から馬の姿は消えてゆき、篠木牧場は、葛尾村に最後に残った馬の育成牧場だった。要吉さんは、幼少時代から馬といっしょに育ち、五代目を継いだ。一九八六年、要吉さんが手塩にかけたウオローボーイが、皐月賞に出走。一四位だったが、要吉さんの誇りだ。最近では、原発事故のちょうど一月前、二月一一日に、カリズマウイッシュが浦和のレースで優勝している。

再びGIレースに出る馬を育てたい。その夢を要吉さんといっしょに追うのが長男の祐一郎さんだった。童顔の祐一郎さんを、私ははじめ、中学生と思っていた。

「友達はみんな避難しているんでしょ。学校はここから通っているの」

私の質問に、要吉さんも祐一郎さんも、はじめキョトンとしていたが、私の誤解に気づき、大笑いとなった。二一歳の祐一郎さんは、もう結婚し、一〇ヵ月になる男の子がいるのだった。奥さんと子供は、すでに会津にある奥さんの実家に避難させていた。

「嫁と子供は、心配だから会津に行かせました。親父は俺もいっしょに行かせたかったらしいけど、馬や牛を置いてはいけないですよ」

祐一郎さんは、県内の進学校に通っていたが、卒業後、迷わず、要吉さんの跡を継ぐ決意を固めた。若き六代目は、新たに牛の飼育を手掛け、篠木牧場の未来を思い描いていたのだ。原発事故は、その未来を祐一郎さんから奪おうとしていた。祐一郎さんは、童顔に似合わない沈鬱な声で言った。

「これが、東北電力だったら、まだわかるんですよ。俺たちも、その電気を使っているんだから。でも、なんで東京電力なんでしょうか。結局、俺たちは東京の人たちの尻拭いをさせられているわけじゃないですか」

私は、一〇日ほど前、タクシーの運転手が言った言葉を思い出していた。郡山に隣接する三春町で、第一原発が立地する大熊町から逃れてきた人たちがいる避難所を取材して回っているときだった。運転手は、私が東京から取材に来た人間であることを知って、こう、言ったのだ。

「お客さんは、気を悪くするかもしれないけども、原発事故が起きてみて、私は初めて、沖縄の人たちの気持ちがわかったような気がするんですよね」

「気を悪くなんかしませんよ」

私は、それ以上、話を続けようとはしなかった。体調がすぐれず、移動の間だけでも、眠っていたかったからだ。運転手が言っている意味はわかっていた。原発事故が起こる前まで、私は、独立王国琉球が、明治時代、日本に組み込まれて以来の、沖縄と日本の関係を「沖縄学」という切り口から考える番組を制作していた。その番組の中で焦点を当てた沖縄の言語学者で、沖縄戦のさなかひめゆり学徒隊を引率したことでも知られる仲宗根政善は、本土復帰を二年後に控えた一九七〇年、日記にこう記していた。

〈我々沖縄人は二十年たっても三十年たっても、この沖縄は自分の沖縄ではないという感じを持ちつづけている。(中略)終戦直後から復帰の時までは、異民族の支配にあり復帰後は中央の権力におしつぶされつつある。この島は自分の島だという気持ちが意識の底まで浸透しなければ、人間が仕合せになれるであろうか。自らの住んでいる島ぐらいは自分がその運命の主になりたいのだ。(中略)沖縄を戦場にしたのも、全く県民の関知したことではなかった。今後沖縄基地を維持して行くというのも沖縄県民の意志ではない。一体いつになったら、沖縄の島は、沖縄県人の自分の島になるのだ〉

沖縄を福島に、基地を原発に置き換えてみれば、タクシーの運転手が、そして祐一郎さんが言った言葉の意味は、おのずと明らかだった。米軍基地も原発も、振興策とセットになって地方に押し付けられてきた。原発事故は、安全神話という幻想とともに、日本の政治と経済の歪みそのものをあぶりだしたのだ。

祐一郎さんにトラックで厩舎に案内してもらった。道にはまだ雪が残っていた。ほどなくヘッドライトに厩舎が浮かんだ。

「この馬なんです」

厩舎の電灯をつけ、祐一郎さんが言った。腹部がはち切れそうな母馬は穏やかな顔をしていた。祐一郎さんが、いとおしそうに干し草を与える。

「この草は去年のだから大丈夫ですけど、外の草は、放射能で汚れてしまったでしょう。だから、全然、外で運動をさせてやれないんです。馬には相当なストレスのはずです。難産が心配です」

母馬は静かに干し草を食《は》んでいた。カメラを向けるのも、馬にとってはストレスに違いない。早々に厩舎を出た。空を仰ぐと、息をのむような星空が広がっていた。天の川がくっきりと輝いている。マスクを外して、思いきり深呼吸をしたい衝動に駆られたが、それはできないことだった。

仔馬のお腹がゆっくり上下していた

篠木牧場を再び訪ねたのは四日後のことだ。葛尾村の電話は不通になっており、馬の様子は聞けずにいた。明るいときに来てみて、要吉さんが「きれいなところなんです」と言っていた意味を実感した。小高い丘の上にある篠木さんの家からは、阿武隈高地の連なりを見渡すことができた。山々が早春の光に輝き、庭先の梅がほころびかけていた。

犬たちも、もう吠えない。毛むくじゃらのコッカスパニエルが、鼻先を私の足に摺り寄せてきた。玄関から要吉さんが顔を出したとき、すぐに、ああ、生まれたんだなとわかった。笑顔がはじけていた。

「昨日の朝でした」

原発事故から一八日目の仔馬の誕生だった。

すぐに厩舎に向かった。要吉さんの前をコッカスパニエルが自慢気に先導する。山の急斜面に作られた細道を下りると、すぐに馬の運動場と牧草地、そして厩舎が目に入った。この間の夜は、祐一郎さんにトラックに乗せてもらって別の道を行ったのだが、それは、慣れない私が暗い斜面を下りるのが無理と思ったからなのだった。要吉さんが厩舎の扉を開く。指差すほうを見ると、母馬のかたわらで仔馬はすやすやと眠っていた。栗毛の全身、額には母親ゆずりの稲妻形の白斑がある。母馬が、カメラから守るかのように、仔馬に顔を寄せた。

「牡でした。男の子」

要吉さんが仔馬を見つめる。

「名前はもうつけたんですか」

「まだだけど、冗談でアトムにしようかなんて話していたんです」

要吉さんは私の三つ年上、同じ鉄腕アトム世代だ。

「いいですね、アトム。一〇万馬力ですもんね」

いつの日か、アトムがＧＩレースを疾走する。愉快な想像に私たちはひとしきり笑った。

「これから、どうするおつもりですか」

私の質問が、要吉さんの笑顔を消した。

「どうすればいいのか。わからないんです」

どこで仔馬を育てればいいのか、要吉さんは考えあぐねていた。

仔馬は静かに眠ったままだった。柔らかそうな毛に覆われた腹部が、命そのもののように、ゆっくりと上下していた。

偶然に見つけたホットスポット　浪江町尺石・赤宇木

三月二七日、私と七沢は南相馬市で再開した病院の取材を終え、その駐車場で、朝のうちにコンビニで買っておいた、冷やし狸うどんを食べていた。コンビニも品薄が続き、季節外れの冷やし狸うどんだけが、残っていたのだ。昨日までは一人だったが、レンタカーによる単独行動では、やはり、不測の事態が起きたとき、対応が難しいと考え、私と七沢でチームを作り、原発から半径二〇キロメートルと三〇キロメートルの間の、ドーナツ地帯の北の端に来てみたのだった。「おじさん特攻隊」。それが自分たちでつけたチームの名だった。おじさんたちは、冷えて固まったうどんを汁でほぐしながら黙々と食べた。南相馬の街には、歩く人の姿こそないが、ときおり車が行きかう。持参していた放射線測定器は、街の放射線量が一時間当たり、一《マイクロ》シーベルトを下回っていることを示していた。病院の院長は、避難していた人も少しずつ、帰ってきていると話していた。看護師も戻ってきたので、再開を決めたのだという。院長は、自主避難の要請に憤っていた。いたずらに不安を煽り、街が死んでしまうというのだ。それも、屋内退避地域の一つの現実だった。だが、逆もまたあるはずだった。高い濃度に汚染され、人々が家の中で放射線の恐怖に、じっと耐えている場所。そういう場所の現実も取材したいと思っていた。駐車場で冷やし狸うどんなんかをのんびり食べているだけでは、「おじさん特攻隊」は満足できなくなってもいたのだ。食べおわった私たちは地図を広げた。

「このあたり、どうだろう」

　七沢が指差したのは、浪江町の北端、原発から三〇キロメートルラインの少し内側、飯舘村に隣接する区域だった。このころすでに、飯舘村が原発から三〇キロメートル以遠であるにもかかわらず、高濃度に汚染されていることは知られていた。だが、その内側についてはまったく情報がなかった。三〇キロメートルラインの内側の取材をメディアが自粛していたからだ。飯舘村は飛び地のような汚染地帯なのか、それとも高濃度の汚染は、第一原発から浪江町を経て連続しているのか、わからなかった。

　私たちは、南相馬市からダム湖を左手に見ながら南に向かって車を走らせた。南下すればするほど線量が上がっていくのがわかった。毎時一〇マイクロシーベルトを超え始めたあたりでマスクをかぶる。一六、一八、そして測定器が、一瞬、一九・九九を表示した。国道一一四号線にぶつかる手前の長いトンネルに入ると、メーターの数値は小数点以下まで急降下、そしてトンネルを抜けた瞬間、再び一九・九九に跳ね上がった。今度は、一瞬ではなかった。数字は、そのまま動かない。

「あれっ、なんだか安定しちゃったな」

　と私。

「何言ってんだ、振り切れているんだよ」と七沢。その測定器の測定上限が、毎時二〇マイクロシーベルトであることを、私はその時初めて知った。測定器の示す数字からわかるのは、そのエリアの放射線量が毎時二〇マイクロシーベルトを超えていることだけだった。二一かもしれない。だが一〇〇、あるいはそれ以上なのかもしれない。このあたりは、原発から半径二〇キロメートルラインの、少し内側にあるはずだった。私たちは、谷間を縫う国道一一四号線を北西に向けて車を走らせていた。

「なんか、やばいね。〝死の谷〟だよ。ここは」

　七沢が言った。七沢には、チェルノブイリの取材経験がある。ここが、特別の場所であることを感じ取っているようだった。余談になるが、原発周辺地域を視察して「死の町」と表現した経済産業大臣が、メディアの集中砲火を浴びた末に辞任したが、私には理解できない。大臣の肩をもつつもりは毛頭ないが、原発事故がもたらした現実は、「死の町」であり「死の谷」なのだ。その現実から目をそらさずに、短期・中長期の対策を講じるしかないではないか。

　私たちは、誰も知らないホットスポット「死の谷」に迷い込んでいた。

「放射線が見えるメガネって、発明したら売れるだろうなあ」

　緊張をほぐすために、私は冗談でも言うほかなかった。

測定器が振り切れる中、老夫婦は干し柿を出した

二〇キロメートルラインの外側に出ても、測定器は、振り切れたままだ。国道沿いに点在する家は、固く閉ざされている。寺があった。残っている檀家がある限り、寺の人も残っているのではないか。そう考えて訪ねてみたが、やはり寺の人も去った後だった。車を降りたついでに七沢が、胸ポケットに差していた小型の積算線量計で放射線量を測った。一分間でどれだけ数字が上がるかを読み取り、六〇倍すれば、時間当たりの放射線量を、おおよそ測れる。

「毎時八〇から一〇〇マイクロシーベルトの間かな」

七沢が言った。明らかに人間が暮らすに適当な場所ではなかった。

「誰かいる」

運転していた七沢が、人の気配に気づき、路肩に車を停めた。国道から、少し奥まったところにある家だった。カーテンが風に揺れていた。来意を告げると、角刈りのいかつい風貌の男が玄関に出てきた。

「だって、町から何も連絡が来ていないだもん」

なぜ、避難しないのか、私が聞くと、その男、天野正勝さん（六九歳）は即座にそう答えた。強制的な避難命令が出ない限り、天野さんは、動かないつもりらしかった。

「俺は心臓が悪いんだ。パイプを三本、通しているんだよ。避難所なんかに行ったら、死んじま

うよ」

ぶっきらぼうに天野さんは言った。このころ、避難先で体調を崩し亡くなるお年寄りのことが報じられ始めていた。天野さんは、はじめ、突然の取材を迷惑がっているようだったが、次第に表情も和らいできた。笑顔には人の好さがにじみ出ていた。千葉県の松戸で板前をしていたが、田舎暮らしにあこがれて、奥さんと二人、ここの民家を買ったのが一〇年前のことだという。山がちだが、広い谷沿いにあるため、空が開けた立地が気に入った。国道を行き交う車をあてこみ、蕎麦屋を営むつもりだったが、体を壊し、夫婦と一匹のパグ犬で、のんびり暮らしているのだという。

茶でも飲んでいけという天野さんに甘えて家に上がった。湯を沸かす天野さんについて台所に入ると、庭先の畑で収穫したという白菜や青菜が積んである。大丈夫なのかといぶかる私の表情をみすかしたように、天野さんは、収穫したのは地震の前だと、笑った。茶が入ると奥さんが干し柿を勧めてくれた。「軒先に吊しているのですか」とは聞けなかった。七沢はむしゃむしゃと食べている。私が手を付けないつもりでいるのを察した七沢が「うまいよ」と、ひときわ大きいのを、つかんで寄越した。まったく、ありがたいことだ。泣きたくなる。濃厚な甘みが、疲れた体にしみた（この場面、七沢の記憶はちょっと違う。七沢によれば、もともと、盆の干し柿は二つしかなかったのであり、かつ、自分が小さいほうを選んだつもりはない、そうだ）。

天野さんの家があるのは、尺石《くらべいし》という不思議な名前をもつ集落だった。昔、計量に使った大きな石が、山中の祠に納められていて、その名があるのだという。

「今は、その祠もないけどね。二〇〜三〇人の集落だけど、みんな避難してしまって、俺んところだけだな、残っているのは」

天野さんは、さびしげに言った。子供はいないのか、そう聞くと、松戸に息子家族が暮らしているという。そこに身を寄せては、と口にしようとした矢先、天野さんが言った。

「子供のところに行ったってよ、せいぜい一週間だよ、歓迎されるのは。居づらくなって戻ってくるのがオチだろ」

地震の直後には、松戸に電話で無事を連絡したという。しかし、放射能汚染地帯に取り残された今、地区の固定電話も携帯電話も不通になっていた。

「だいいち、息子のところに行くっていったって、常磐道がダメだからな」

天野さんが言った。やはり、ここを脱出したい気持ちはあるのだ。息子家族が暮らす松戸に通じる常磐自動車道は、地震と津波で切断されていた。そうでなくても、ガソリンも手に入らない状態だった。

「それより、いわき市に兄の一家がいるんだけど無事かどうかわからないんだ。あんたがた、電話が通じるところにいったら、ここにかけてみてくれないかな。もし通じたら、こっちは無事でいるって、それだけ、伝えてくれればいいから」

天野さんは、いわき市の兄の家の電話番号を私たちに託した。

別れ際、私たちは天野さんから一つの情報を得た。

「ここから、ちょっと北にいくと、アコウギの集会所があるんだけど、そこに、浪江の中心部から避難してきた人たちが一〇人くらいで住んでいるらしいよ。ペットがいるから遠くには行けない人たちだって。国道沿いに石井商店っていうのがあるから、そこの手前の坂を上ったところ。話が聞きたいんなら行ってみたらいい」

私たちが、アコウギという地名を知った最初だった。それを、赤宇木と書くことも知らなかった。やがて、赤宇木は全国紙に毎日その名が載ることになる。「各地の空間放射線量」という地図上の、ほかから突出して放射線量の高い場所として。しかし、私たちが、初めてその名を聞いた三月二七日、赤宇木がきわめて危険な放射能汚染地域であることを知る者はいなかった。すでにモニタリングカーの計測によって、その事実を把握していた文部科学省などの所轄官庁を除いてはだ。そのことについては、後で言及する。

赤宇木集会所

天野さんの家を辞して、国道一一四号線を五分ほど走った。線量計は、振り切れたままだ。防護マスクには、鼻がかかる部分に針金が埋め込まれているが、私はそこを指で押して隙間を埋めた。目印の石井商店はすぐにわかった。雑貨も野菜も弁当も売っている、田舎のコンビニといった風情の店なのだが、すでに閉じられ人の気配はなかった。その手前の坂を上ったところに、赤宇木集会所はあった。前の広場に十数台の車が停まっている。扉を開けると、玄関に靴が整然と並んでいる。障子の向こうから、原発事故について伝えるテレビの声が聞こえていた。

赤宇木集会所は、もともとは小学校の教室だった。小学校は、人口が減り、昭和五九年に廃校となっている。ちょうど教室一つ分の広さの部屋に畳が敷き詰められていた。私たちが、ここを訪ねた三月二七日、集会所では、一〇人ほどが、畳んだ布団によりかかり、映りの悪いテレビを観ていた。私たちに対する警戒感が漂っていた。マスコミが訪ねてくることなど、彼らにとって思いもよらないことだったのだろう。しかし、警戒感の一方で、こんなところまで話を聞きに来るメディアもあるのか、という喜びのようなものもあるようだった。彼らは無人島にたどり着いた漂流民にも似ていた。

浪江町は、東西に細長く広がった町である。その東端は、海に接し、町の中心部は、第一原発からおよそ八キロメートル付近に位置している。西端は、第一原発から、およそ三〇キロメートル離れ、飯舘村、川俣町に接している。浪江町役場が原発から一〇キロメートル圏内の住民に防災無線で避難を呼びかけたのは、一二日、午前七時だった。国からは何の情報もなく、町独自の判断だった。住民の避難先には、町の西端、津島地区の小中学校の体育館等が指定された。役場自体も、津島支所にその機能を移すことになった。そこが、原発から八キロメートルの中心部をしのぐ高濃度汚染地帯になることを、町は知るよしもなかった。

町民の大移動が始まった。その日の、一五時三六分には、第一原発一号機の原子炉建屋で爆発が起き、一八時二五分、政府は半径二〇キロメートル圏内の住民に避難指示を出した。国道一一四号線は、放射能から逃れようとする人々の車で大渋滞となった。避難所に指定された津島地区の小中学校や活性化センターは、すぐに避難民でいっぱいになった。すでに陽は落ち、疲れ切った人々が、赤宇木集会所に集まりだした。二〇〇人近い避難民があふれ、広場に停めた車の中に寝泊まりする人も多かった。しかし、ここにも危機が迫っていることは明らかだった。

三月一四日一一時〇一分、三号機原子炉建屋で水素爆発、翌一五日六時一〇分、二号機圧力抑制室（サプレッションプール）付近で爆発音、六時一四分、四号機原子炉建屋で爆発音、九時三八分、四号機原子炉建屋で火災発生。原発の崩壊は誰の目にも明らかだった。一五日一一時、政府は、原発から半径二〇キロメートルと三〇キロメートルの間の住民に屋内退避を要請。町役場も、津島支所から二本松市にその中心機能を移した。不安に駆られた人々は、赤宇木集会所を出て、二本松市の避難所などに向かい始めた。一方、留まったのが私たちが出会った一二人だった。最初の警戒感が緩むと、彼らはここに来るまでのこと、そして残った理由を語り始めた。

集会所の一二人

浪江町で電気工事の会社を営む岩倉文雄さん（六三歳）、公子さん（六六歳）夫妻は、三月一一日の午後、コーヒータイムを楽しんでいた。突然の揺れで家のブロック塀がなぎ倒されたのがわかった。それでも、夫妻が、第一原発を気に掛けることはなかった。公子さんは、第一原発で事務の仕事をしていた経験がある。安全を信じていた。一二日の朝、防災無線で、その原発の事故を知り、脱出の準備を始めた。岩倉さんの家では、二匹の犬と一三匹の猫を飼っていた。正確に言えば、二匹の飼い犬と、八匹の飼い猫、それにいつのまにか居ついた五匹の野良猫である。一二日午前九時ごろ、数日分の餌を与えて家を出た。全部を連れていくことはできない。さりとて、連れて行く犬と猫を選ぶことも、夫妻にはできないことだった。

迷ったのは犬をつないでいる鎖のことだった。餌や水が切れたら、自力で生き延びることができるように、放していきたい。でも、鎖を解いてゆけば、犬は自分たちの車を、どこまでも追いかけて来るだろう。岩倉さんは、考えあぐねた末に、首輪と鎖を、わざと不完全に繋ぐことにした。すぐには解けないが、犬が力いっぱい引けば自由になれる、苦肉の策だった。しかし、飼い主を失った犬や猫が、いつまでも生きてゆけるはずもない。岩倉さんは、避難しても、動物たちの世話をするために、ときどき、家に帰るつもりだった。それが、赤宇木にとどまった理由だった。赤宇木集会所から自宅までは、車で三〇分ほどで行ける。赤宇木にきて二週間、岩倉さんはその間に四回、家に帰っていた。

「こんなときに、犬猫のことなんて、という人もいるかもしれない。だけど私たちにとっては、そうじゃないんです」

公子さんが涙声で言った。

「空しくって。悔しくって。安全だ、安全だって言っていたのに。自分も原発で働いたこともあるけど、今は原発が憎い。東電が憎い。電気なんかなくったって、つつましく暮らせればいいんです。原発なんかいらない」

抑えていた感情があふれ出すようだった。吉田稔さん（六八歳）は、浪江町の木材チップ工場で働いてきた。夫人のゆり子さん（六五歳）と、一匹の猫。二人と一匹は、原発から八キロメートルほどにある家で暮らしていた。子供がいない夫妻は、猫をわが子同然にかわいがっていた。その猫を残してゆく選択はなかった。だが猫を連れて避難所には入れないこともわかっていた。夫妻は、赤宇木集会所にたどり着き、広場に停めた車の中で寝泊まりしていた。人々が去り、集会所が空いてから、猫といっしょに中に入った。動物好きの人たちばかりだったのが幸いだった。その猫、チー坊は、集会所の奥の、ふすまに隔てられた小部屋にいた。手入れの行き届いた、美しい猫だった。

「猫と心中するしかないんだよ、なあ、チー坊」

吉田さんが猫をなでながら言った。部屋には、もう一組の夫婦と四人の独身者がいた。池田誠一さんトシコさん夫妻も、一匹の犬を連れていた。夫婦の布団で茶色の長毛の犬が寝息をたてていた。吉田春雄さん（五九歳）は、モーターの部品を作る工場に勤めていた。趣味の釣り道具を満載した車で脱出したがガソリンが切れそうになり、赤宇木集会所に身を寄せた。浪江町で路線バスの運転手をしていた木幡辰雄さん、造園業を営んでいた末永善洋さん（五四歳）も、同様の理由で、集会所に残った。広場の駐車場には、乗用車に交ざって、クレーン付きの小型トラックがあったが、それが末永さんの仕事用の車だった。

佐藤雄一さん（四八歳）は、集会所の中では、いちばん、若かった。第一原発で放射線防護の仕事をしていたこともあるが、今はやめ、コンピュータの学校に通いながら仕事を探していた。いっしょに暮らしていた父母と兄は、すぐに避難したが、家の整理をしているうちに佐藤さんは取り残される形になった。一四日、三号機の爆発に驚き、一人、車を運転して渋滞する夜の国道をガソリンを気にしながら走っている途中、ポツリと灯る明かりが見えた。それが、赤宇木集会所だったという。皆、心優しい人たちだった。そして、どこか寂しげな人たちだった。彼らの間には、穏やかな連帯感のようなものが生まれているように見えた。似たもの同士、二本松市に避難して、バラバラになってしまうより、皆いっしょに、ここにいたいと思っているようだった。

「もう一組、いるんですよ」

そう言って、岩倉公子さんが、私を集会所の隣の体育館に案内してくれた。入り口の扉を開けると、異様な光景が目に飛び込んできた。広い体育館の真ん中に、段ボールで囲った〝家〟がポツンと建っていた。田代澄男さん（六五歳）スミ子さん（六八歳）夫妻の〝家〟だった。スミ子さんは、布団を何枚も重ねて作ったベッドに腰掛け、体に毛布を巻きつけ寒さに耐えていた。かたわらにはポータブルトイレが置かれていた。

「ベッドにしないと立てないんですよ」

何から聞けば良いのか、私が困惑しているのを察したように澄男さんが言った。スミ子さんは、病気で歩くことができないのだった。澄男さんは浪江町で浄化槽管理の仕事をしていた。三月一二日、妻を車に乗せ避難、赤宇木集会所前の広場で寝泊まりしていた。見かねた岩倉さんたちに集会所の中に入るように勧められたのだが、迷惑をかけるからと断り、体育館に暮らすことになったのだという。ポータブルトイレしか使えないスミ子さんを気遣ってのことだった。

「浪江の家は地震では全然、壊れていないんです。放射能がなければ帰れるのに」

スミ子さんが言った。浪江町には、体は不自由でも、優しい夫と二人の、静かな暮らしがあったのだ。

「この人のほうが心配なんです」

スミ子さんが気遣うのは、澄男さんの心臓病のことだった。

「悪いんですか」

私が問うと、澄男さんは、薬袋の中の錠剤を私に見せてくれた。本当は錠剤と粉薬の二種類の薬を飲まなければならないのだが、粉薬はすでになくなり、錠剤もあと二日で切れてしまうという。

「車で医者に行こうとも思うんだけど、ガソリンを使いたくないんです。あと一〇リットルぐらいあるけど、それは、いざというときのためにとっておきたいんです」

見過ごせない事態だった。行政は何をしているのだろう。その不作為に憤りを覚えた。

「明日、また来ます。私の車で医者に行くこともできますから」

そう告げて、田代さんの〝家〟を辞した。〝棄民〟という言葉が私の脳裏に浮かんでいた。

集会所に戻って雑談していると、誰かが玄関の戸を叩いた。岩倉公子さんが対応に出てみると、集会所から車で三分ほどのところにある、浪江町津島支所の所員だった。

「支所は、今日、夜七時に閉鎖します。今後、役場への連絡は、こちらにお願いします」

所員は、一方的にそれだけ告げると、電話番号を記したメモを残し、そそくさと帰っていった。岩倉さんが事情を聞く間もなかった。電話番号は、二本松市に開設した、臨時の浪江町役場のものだった。だが、地区には、まだ、残っている人がいる。集会所の一二人だけではなく、略農家や養鶏場を営む人も、避難できないでいることを、私は聞いていた。それでも、役場は撤退するという。

「支所が閉鎖になるそうです」

岩倉さんが、電話番号を記したメモを皆に示した。誰も何も言わなかった。

夕食の時間になった。岩倉公子さんと、吉田ゆり子さんが台所に立つ。大根を煮てとろみをつけた汁を、食べ終わったカップ麺の容器に盛ったごはんにかけた中華丼風。レトルトパックに入った鶏の甘辛煮を一切れずつ。ミートボールを、夫婦者には一つずつ、独身者には二つずつ（なぜ、そうなるのかは聞きそびれた。なんとなく、気持ちはわかるけど）。それがこの日のメニューだった。集会所には支援物資が届くわけではない。米と野菜は、避難していった近所の農家から貰い受けた。レトルトパックは、買い置きして大事にとってあったものだ。

「ここに来てから、お肉を出すのは初めてなんです。いつも、こんな豪華だと思われてはこまるわね。最後の晩餐かな」

カメラを回す私に岩倉さんが、そう言って笑った。集会所の共同生活が、いつまでも続くわけではないことを予感しているようだった。

「今日はごちそうですね。いつもありがとうございます。いただいてゆきます」

体育館の〝家〟に暮らしている田代さんが、二人分を、盆に載せて戻っていった。ストーブを囲んで、皆、黙々と食べている。テレビでは、高い放射線量が計測されている飯舘村の混乱を伝えていた。赤宇木の放射線量が、飯舘村のそれを超えていることを誰も知らなかった。

宿の風呂はラジウム泉だった

私たちの福島取材の前線基地は、郡山の隣、三春町の宿だった。三春は、城下町のしっとりした風情が漂う美しい町だ。ここまで戻ると、心底、ほっとする。ガソリンスタンドの行列は相変わらずだったが、商店も開き始めていた。宿には風呂があり、冷たいビールがある。私たちには、緊張を解く時間が必要だった。部屋に戻って、身に着けていた線量計を見る。上限の一〇〇マイクロシーベルトを指していた。一〇〇に達したときにリセットするのを怠ったので、この日浴びた放射線量を正確に知ることはできなかった。風呂に飛び込み、身体を、特に頭を念入りに洗った。髪が放射能を吸着しやすいからだ。

「大森さんは大丈夫だよ。髪があんまりないんだから」

木村真三さんが、科学的には正しいのかもしれないけれど、年長者への礼儀という点では、やや配慮に欠けたことを言う。風呂は楽しい時間だった。湯船に身を沈めていると、疲れが溶け出してゆくようだった。長い一日だった。たどりついた風呂がラジウム泉というのは、できすぎのオチだったが。

風呂から出て、天野正勝さんから預かった兄の連絡先に電話をかけた。電話に出た兄の妻に事情を話した。

「まだ、家にいるんですね。二人とも元気なんですね」

彼女は何度も念を押した。私は自分の携帯電話の番号を伝え、電話を切った。ほどなくして、携帯が鳴った。私は実家が千葉県なので、その市外局番が、千葉からのものであることがすぐにわかった。松戸に住む天野さんの息子からだった。実家の電話が不通になってから、方々の避難所に電話して父母の消息を探していたという。

「明日にでも迎えに行きます。車は入れるんですね」

息子は何度も礼を繰り返して電話を切った。天野さんのことは、これでＯＫ。問題は、赤宇木集会所の人たちの取材を今後、どう続けてゆくかということだった。方針は、木村真三さんと話しながら決まった。この日、木村さんは、私たちとは別行動で、岡野眞治さんから借りた計測器を車に積んで、ひたすら道路を走っていた。その中で、放射線量が異常に高い気になるポイントがあるという。

赤宇木から国道一一四号線を北上すると、まもなく、国道三九九号線との分岐点がある。三九九号線は飯舘村に通じている。木村さんが発見したホットスポットは、その三九九号線上にあった。赤宇木集会所からも、ほど近い場所だった。この日、私たちと木村さんは、偶然、同じホットスポットに遭遇していたのだ。私たちが目指した「科学的な地図」と「人間の地図」。両者は有機的に結びつき始めていた。

次の行動をどうするか。七沢と木村さんの判断は早かった。木村さんといっしょに、赤宇木集会所に行く。そして集会所の人たちに、そこがどんな場所なのかを知らせる。そして木村さんが説明する様子を、そのまま撮影する。木村さんは、放射線計測を一時中断することになるが、優先順位は明らかだった。私たちは、放射能汚染地帯の状況を取材している。しかし同時に、状況そのものにコミットせざるを得なかった。

木村さんの説得

三月二八日、赤宇木に向かう途中、私たちは浪江町役場津島支所に寄ることにした。前日、所員が、その閉鎖を集会所に伝えにきた役場である。役場からも見放されてしまった集会所の人々の状況を伝えるために、空っぽの役場を撮影しようと私たちは考えていた。津島地区は、東西に長い浪江町の西端にある町である。狭いエリアに小中学校や、交番、診療所、郵便局などが集中し、その周りを商店や民家が囲んでいる。一軒の古い民家が地震で崩れ落ちていた。支所は町の高台にあった。意外なことに、駐車場に車が並んでいる。役場は空っぽではなかった。そこには三人の所員がいた。訝《いぶか》る私たちに、所員の一人、宇佐美和美さんが言った。

「確かに、昨日の夜、いったんは閉鎖を決めました。でも、浪江町の三〇キロ圏内に残っている人が、一二〇人ほどいるということで、閉めないことにしたんです。私たちも、二本松市に避難していますが、日中だけここに来ることにしたんです」

後に、浪江町役場に取材したところ、所員の安全確保のために、区長などの同意を得て、引き揚げを決めたが、残っている住民からの要望があり、支所機能を残すことにしたのだという。役場もまた、混乱の最中にあった。

「このあたりで、放射線量はどのくらいあるのですか」

私の質問に宇佐美さんは困惑の表情を浮かべた。

「ちょっと、そのデータは、二本松の本部に置いてきてしまったので……」

「赤宇木のあたりは、ずいぶん、高いようなんですが」

重ねて私が聞いた。

「どうもそうらしいですね。いろいろ、調べてみなければと思っています」

宇佐美さんの答えは歯切れが悪かった。若い所員が、緊急配備された簡易型の放射線測定器を出してきて木村さんに示した。使い方がわからないという。木村さんが、スイッチを入れて彼の体に近づけて測ってみせた。外の土が付いたままの靴が高い数値を示すのを見て、所員は、驚きを隠すように笑った。役場にしてこうだ。地域の住民が、自分が暮らす場所の放射線量を知るはずもなかった。


この日、木村さんは毎時三〇〇マイクロシーベルトまで測れる測定器を持参していた。赤宇木集会所前の広場で、測定器は毎時八〇マイクロシーベルトを示した。日本国内の平常値、毎時〇・〇六マイクロシーベルトの、一三〇〇倍以上である。木村さんと七沢が周辺の土壌や植物をサンプリングしている間に、私は気になっていた田代さんを訪ねた。体育館の真ん中の段ボールの〝家〟はそのままだったが、その中に田代さん夫妻の姿はなかった。ちょっと外に出た、ということではないのはすぐにわかった。ポータブルトイレもなくなっていたからだ。岩倉公子さんが、田代夫妻は、この日の午前中、二本松市内の避難所に向かったことを教えてくれた。一時、赤宇木集会所にいて、その後、二本松に避難した人が、田代夫妻を心配して迎えに来たのだという。障害者を受け入れるところもあるから、という説得に田代さんは応じたらしい。そこが、どんな環境であるにしろ、ここよりは良いはずだ。

　田代夫妻が去って、集会所には一〇人が残っていた。その一〇人が車座になって、木村さんを囲んだ。木村さんは、自分が放射線防護の専門家であること、チェルノブイリの放射能汚染地帯の健康被害を研究してきたことなどを説明した後、「今日は、事実だけを話したいと思います」と本題を語り始めた。それが木村さんにできるすべてだったし、それこそが、集会所の人々が何よりも聞きたいことに違いなかった。

「前の広場で測ってみました。一時間あたり、八〇マイクロシーベルトありました。部屋の中でも一時間あたり、二〇マイクロシーベルトあります。これは、異常な数値です」

　座が緊張するのがわかった。

「高いんですね」岩倉公子さんが聞いた。

「非常に高いです」

「〝非常に〟、がつくんですね」

「はいそうです。隣の飯舘よりも三倍、高いです」

　ざわめきがおこった。飯舘は、高濃度汚染地帯の象徴のような場所だった。原発から三〇キロメートル以上離れている飯舘村には、メディアが殺到し、連日、報道されていた。だが、赤宇木の名はテレビでも新聞でもいっさい、出たことはない。原発から三〇キロメートルという政府が引いたラインにメディアもまた束縛されていたからだ。しかし、赤宇木集会所の人々には、そのような理由は思いもよらないことに違いなかった。飯舘の名は、毎日、テレビで聞くが、赤宇木の名は出ない、それは、赤宇木が飯舘ほどには汚染されていないからだ、集会所の人たちが、そう理解するのも無理からぬことだった。

「ここの放射線量が高いって、知らなかったのですか」

木村さんが聞いた。

「全然、知らなかった」

「誰も、そんな話、してくれなかった」

皆が口ぐちに言った。

「この場所からは出たほうが良いと思います」

木村さんが言った。話すべきことはもうなかった。後は、彼らの判断に任せるしかない。

「今晩、皆で話し合ってみます」

岩倉さんが言った。

突然の撤退命令

三月二九日。今にして思えば、この日は、私たちの番組が、最大の危機を迎えた日である。この日、私たちは、『ネットワークでつくる放射能汚染地図』に先だって四月三日に放送したET

V特集『原発災害の地にて――対談　玄侑宗久・吉岡忍』のために、作家の吉岡忍さんと連れだって、被災現場を回っていた。

四月三日は、東日本大震災と原発事故の発生以後、特別編成で休止になっていたETV特集が再スタートを切る日だった。『放射能汚染地図』は、もともと、その日の放送を目指していた。だが、七沢が第二章で触れたように、最初の提案は落とされてしまった。ETV特集は、震災以前の予定では四月三日のために、日系英国人作家カズオ・イシグロの番組を準備していた。しかし、私たちの編集方針としては、やはり地震・原発事故関連の番組から再スタートしたかった。そんななか、七沢の発案で急遽決まったのが、玄侑さんと吉岡さんの対談番組だった。三月二九日、吉岡忍さんと被災現場を回ったのは、二人の対談の中に、吉岡さんの現場リポートを、差し挟むためだった。

私たちは、吉岡さんと共に、南相馬市の海岸部を取材していた。宮城や岩手では、津波に襲われた地域には、すでに重機が入り、瓦礫の処理が少しずつ始まっていたが、放射能に汚染されたこの地域は、ほとんど手つかずのままだった。一面の泥。所々に崩れ落ちた家や、墓石が突き出た場所があることから、ここが、人が暮らしていた場所であることがわかる。吉岡さんが、ようやく、家の残骸の中から思い出のものを掘り起こそうとしている人を見つけ、話を聞いている時に、私の携帯電話が鳴った。増田チーフプロデューサーからだった。嫌な予感がした。プロデューサーが、ロケ現場に電話をしてくるのは、たいていの場合、ろくな知らせではない。そしてこの時も、その例外ではなかった。

増田の話は、およそ次のようなものだった。報道局のクルーが、会津坂下町に機能を移している葛尾村役場を訪ね、町長に取材を申し込んだところ、拒否された。その理由は、NHKの別のクルーが、葛尾村にとどまっている住民を取材し、その際、放射能汚染は、避難しなければならないほどのものではない、と住民に言った、というものだった。その住民が、役場に連絡してきて、避難の不必要を訴えてきたのだという。役場は、住民の避難に混乱を生じさせるものだとして怒りを隠さなかった。増田に、NHKの取材を受けたという住民の名前を確認すると、篠木さんだという。間違いない、馬が産気づき、避難をできずにいた篠木さんだ。

私が一人で葛尾村に入り、篠木さんと出会った翌日、三月二七日、私と七沢は朝、篠木さんの牧場を訪ねていた。南相馬、そして赤宇木に行く前、仔馬が生まれているかもしれないと思い、立ち寄ったのだ。篠木さんが、役場に話したのは、その時のことに違いなかった。仔馬はまだ生まれてはいなかった。篠木さんの求めに応じて、七沢が、家の周囲や厩舎の前で、放射線量を計った。およそ毎時四マイクロシーベルトだった。けっして安心して住み続けることができるような数値ではない。七沢は、チェルノブイリ取材の経験に立って、その危険性について話をした。避難やむなしというのが七沢の話の全体の文脈だったが、篠木さんは、そのようには受け止めなかったらしい。

七沢があげたいくつかの数値の比較を、自分なりに解釈し、避難の必要なし、との言質を得られたと思ったのだ。無理もないことだった。篠木さんにとって、避難を受け入れることは、八〇年以上続いてきた牧場を閉めることを意味していた。なんとかして、避難は避けたい、そう思いつめている篠木さんが、七沢の話を曲解して聞いたとしても、篠木さんを責めることは私にはとうていできない。篠木さんが、役場に話したことは誤解であることを説明すると、増田はすぐにわかってくれた。

増田は翌日、会津坂下町の葛尾村臨時役場に出向き、誤解を解いた。だが、問題はもう一つあった。増田によれば、私たちが、三〇キロメートル圏の内側に入って取材していることが、NHK局内で大問題になっているというのだ。私は耳を疑った。出発前に、三〇キロメートル圏内の取材制限は解除されたと確認したはずだった。増田の声は沈鬱だった。ニュースなど、三〇キロメートル圏内の映像が出ていたことは私たちが出発する前に増田が確認したとおりなのだが、それは南相馬など一部地域について報道局の特別許可があってのことだったのだ。しかし、増田にしてみれば、そんなことは知らされていなかった。それまでいっさい出ていなかった三〇キロメートル圏内のニュース映像を見て、取材制限が解除されたと思い込んだのだ。

増田は「始末書」を書かされることになったが、結果的には増田の誤解は、私たちの番組の大きな力となった。もし増田が、あの時点で三〇キロメートル圏内の取材を正式な手続きにのっとって申請しても、とうてい、許可は下りなかっただろう。三〇キロメートル圏内の取材はそれほど例外的、限定的なものだった。

今になってみれば、その始末書も勲章のようなものだが、南相馬にいる私と増田との電話での会話は沈鬱なものだった。オンエアにこぎつけることができるのか、番組は危機に瀕していた。増田に代わって制作局の幹部が電話口に出て、二つのことを言明した。ただちに三〇キロメートル圏内から出ること。明日、吉岡さんと玄侑さんの対談を撮り終えたら、全クルーが、一度、東京に戻ること、その二つだった。私が電話を受けたのは、泥に埋まり、放射能に汚染された南相馬の道路上だった。目の前にある被災地の現実と、電話の向こうの組織としての建て前。その落差に、目眩《めまい》を覚えた。

私たちは自分の安全を確保しながら現場に入り、そこで見たこと、聞いたこと、知ったことを伝える、つまりはジャーナリズムが普通にやるべきことを普通にやろうとしていたのにすぎない。でも、ここで撤退命令を拒否すれば、番組をオンエアにこぎつける道は断たれるだろう。しかたがない、ここは一時撤退だ。だが、東京に戻る前にどうしてもやっておかなければならないことが、三つあった。一つは、南相馬から三春の宿に帰る途中、吉岡さんを赤宇木に案内することだった。赤宇木の異常に高い放射線量については、早く報道するべきだったし、吉岡さんも同じ考えだった。吉岡さんに赤宇木の集会所を訪ねてもらえれば四月三日の対談番組に、そのシーンを入れることができる。もう一つは、葛尾村の篠木さんの牧場に行き、もう生まれたはずの仔馬を撮影すること（この場面は、すでに書いた）。そして、木村真三さんの説得を受けた集会所の人々が、そこを出るのを見届けることだった。

脱出

三月三〇日。けだるい空気が漂っていた。畳に横になって目を閉じたままの人、バッグに黙々と衣類を詰める人。つけっぱなしのテレビの画面は、同期がずれて流れてしまっているが、もはや調整しようという人もいない。赤宇木集会所を再訪したのは、木村さんが話をした二日後だった。彼らは、ここを引き払い、二本松市の避難所に向かおうとしているのだった。大きな災害に直面した後、人間は一定の期間、ある種の高揚感を覚えるという。そして、被災者の間には、一種の連帯感が生まれる。赤宇木集会所での二週間は、そのような時間だったのかもしれない。集会所を去ることは、その時間が、いつまでも続きはしないことを彼らが自覚することでもあった。

「木村さんが来てくれなかったら、ずっと、ここにいたんでしょうね」

岩倉公子さんが、ため息混じりに言った。二日前の夜、私たちが帰った後、遅くまで話し合ったという。出るしかないという意見が大勢だったが、残りたいという人もいた。中には、木村さんの話は、自主避難を促す政府の意を受けた、NHKの差し金ではないのか、という意見まであったという。メディアに対する不信感は、そこまできていた。しかし、翌朝、岩倉文雄さんが津島支所で入手した地元紙、福島民友新聞の記事が決め手となった。記事は、文部科学省の計測によって、赤宇木の放射線積算量が突出して高いことが明らかになったことを報じていた。赤宇木の名が、メディアに載った最初だった。もはや、赤宇木が危険な場所であることは、疑いようもないことだった。

集会所に残っていたのは総勢八人だった。犬を連れていた池田さん夫妻は、すでに早朝、熊本の実家をめざして車で出発したという。

午前一一時、出発の時間だった。吉田稔さんが、愛猫チー坊をケージに入れ車に積んでから、集会所の玄関に戻り、深々と一礼して扉を閉めた。

私たちは、二組の夫婦と、四人の独身者、六台の車列が国道一一四号線を北西に向かうのを追った。道がカーブに差し掛かると、六台が等間隔を保って走るのが見える。最後尾は、佐藤さんの赤いジープ、その前は、末永造園のクレーン付き小型トラックだ。その光景は、どこかユーモラスでもあった。

「いいねえ」

レンタカーを運転する七沢が、助手席でカメラを回している私に言った。

「いいよね」

私が答えた。それは、絵になる、という意味でもあったが、同時に、個性豊かな八人への共感でもあった。二本松市の避難所に入る前、八人は国道沿いに設けられた会場で、スクリーニングを受けた。体や衣服に付着した放射能が、これから入る避難所を汚染してしまう心配があったからだ。最初に、岩倉夫妻と吉田夫妻が、検査を受けた。頭部から靴まで、測定器を近づけ、そこから発する放射線量を測る。皆、基準をクリア。佐藤さんの番だ。私は、もし、ひっかかるとすれば、佐藤さんだろうと思っていた。若い佐藤さんは、集会所の中で力を持て余し、近くの山歩きをしていたからだ。私は、佐藤さんが採ってきたフキノトウを天ぷらにしたものを出されて、泣く泣く食べたこともある。「干し柿事件」に続く「フキノトウ事件」だった（後に、このときのフキノトウは、佐藤さんが郡山方面まで遠出したときに買ったものと判明し、私は胸をなで下ろした）。森の中の樹木やコケは放射能を吸着しやすい。さすがに、佐藤さんは神妙な顔つきだった。測定器を靴に近づけると、針が大きく振れる。検査官は、念入りにチェックしている。

「ギリギリですね。大丈夫です」

なんとか、基準値内に収まったようだ。

ひっかかったのは、末永さんだった。右手と靴から基準値を超える放射線が検出されたのだ。末永さんは、携帯電話を使うため、電波が届くところまで歩いて行くことがたびたびあった。その時、放射能が付着したらしかった。スクリーニング会場の外にある自衛隊の天幕が除染場だった。末永さんが、温水シャワーを浴び、服を着替える間、他の七人は、心配そうに除染場を見つめている。自分たちがいた場所の危険性を改めて知る出来事だった。

浪江町からの避難民の受け入れ窓口は、二本松市の文化センターにあった。八人が窓口で手続きをしているとき、満面に笑みを浮かべて近寄ってくる人があった。田代澄男さんだった。田代さんは、文化センター内に設けられた避難部屋にスミ子さんと入っていた。五〇人ほどがいる大部屋の、いちばん入り口に近い場所で、スミ子さんは横になっていた。赤宇木の体育館のベッドと同じように、布団が積み上げられていた。

「ここなら、廊下の身障者用トイレも使いやすいですから」

澄男さんが、スミ子さんの毛布を直しながら言った。五〇人の大部屋にプライバシーはない。やがて、被災者は仮設住宅などに入ることになるだろう。その時には、一人ひとりの事情に応じた、きめ細かい配慮が不可欠だ。

「あれっ、俺、行方不明になっているよ」

末永さんが、声を上げた。安否情報を記した町民の名簿で、自分が行方不明者となっていることを知ったのだった。赤宇木集会所からの脱出は、無人島からの生還にも似ていた。手続きを終えた八人は、とりあえず全員いっしょに、近くの体育館に入ることになった。数週間後には、さらに遠方に移ることになるという。その時は、民宿などの小規模の避難場所に、ばらばらになるらしい。もうしばらくはいっしょにいられることを喜びあいながら、八人は体育館に向かって行った。

政府は危険を知っていた

政府が、原発から半径二〇キロメートル以遠の地域の中で、飯舘村、葛尾村、浪江町、川俣町の一部、南相馬市の一部を計画的避難区域に指定することを発表したのは、四月一一日のことだった。赤宇木集会所の人々が、そこを脱出してから一二日後のことである。計画的避難区域は、「今後1年間の放射線量を積算すると20ミリシーベルトに達する可能性がある地域」で、住民に退避が求められるエリアである。赤宇木は、その中でも、突出した汚染地域だった。重大なのは、集会所の人たちが、それを知ることができずにいたことだ。なぜだったのだろうか。

赤宇木を取材していて、風変わりな車に出合うことがあった。ワゴンタイプの天井に、ラクダのこぶのように、二つ、突起がある。放射線の空間線量を計測するモニタリングカーだった。実は、文部科学省は、二号機の建屋が爆発した三月一五日から、モニタリングカーによって放射線量の計測を始め、その数値を、ホームページ上に公表していた。

私がそのことを知ったのは、赤宇木の取材を終え、東京に戻ってからだった。最初のデータは、三月一五日の夜八時四〇分から五〇分の間に観測されたデータだった。計測地は三ヵ所。地名はなく、①、②、③と番号で示されている。車外で、①は毎時二五五マイクロシーベルト、②が毎時二七〇マイクロシーベルト、③が毎時三三〇マイクロシーベルト、いずれも非常に高い数値になっている。③についていえば、日本の平常値の五五〇〇倍以上という値である。データに添付されている地図を見て驚いた。三つの測定値は、いずれも国道一一四号線沿い、私たちが〝死の谷〟と呼んだ場所だった。文部科学省は、この地域が高濃度に汚染されていることをとうに知っていたのだ。

文部科学省は、緊急時迅速放射能影響予測ネットワークシステム（ＳＰＥＥＤＩ）で汚染の様相を知ることができる立場にあった。①は、原発から半径二〇キロメートルの線の少し内側、②は二〇キロメートルの線上、そして③は二〇キロメートルの少し外側、赤宇木の周辺だった。この三箇所の数値を比べると、原発から離れるほど、放射線量は高くなっている。文部科学省は、放射線量が、必ずしも、原発から離れるほど低くなるわけではないこと、そして赤宇木周辺の汚染が突出してひどいことも知っていた。その情報は官邸にも伝えられていた。翌一六日、枝野官房長官は、記者会見でこう述べている。

「本日、文部科学省においてモニタリングをいただき、文部科学省から公表される数字について専門家の皆さんの、まずは概略的な分析の報告に基づきますと、ただちに人体に影響を与えるような数値ではない」

　おなじみのフレーズだった。赤宇木集会所は、固定電話や携帯電話も通じず、インターネットの接続も不可能な場所であり、テレビだけが、唯一の情報源だった。枝野官房長官の会見を聞いたとしても、むしろ、安心しただけだったに違いない。文部科学省は、三月二三日からは、空間線量とは別に、そこに居続けた場合に浴びる放射線の積算量についても、固定式のモニタリングポストで計測を始め、ホームページ上に公開していた。空間線量と同様、やはり、地名は伏せられている。その中で、数字が突出している測定地があった。二三日から二四日にかけての一日の積算は、五九・六マイクロシーベルト。私たちは、32と番号がふられているその測定地を探した。添付されている地図から、おおよその場所はわかった。それは、国道一一四号線から飯舘村に向けて分岐する国道三九九号線上にあった。電柱に巻いてある赤いビニールテープが目印だった。テープには、〝文科省測定中〟と黒いマジックインキで記されていた。その電柱の周辺を探すと、ガードレールに、32という番号が記されたプラスチック容器がテープで固定されていった。プラスチック容器の中に、細いガラスの棒のようなものが見える。そこに吸着された放射線を測る仕組みだった。測定地32の地名は、赤宇木手《て》七郎《しちろう》。文部科学省は、赤宇木の空間線量の積算値も、把握していたのである。

　文部科学省のホームページから再び測定地32、すなわち赤宇木手七郎の放射線積算量を見てみよう。三月二三日から集会所の人々が脱出した三月三〇日までの積算は七四九〇マイクロシーベルト。これに、文部科学省のデータがある三月一七日から二二日までの一時間当たりの空間線量を積算して足すと、およそ二万五〇〇〇マイクロシーベルト、すなわち二五ミリシーベルトになる。ただし、ここには、一一日から一六日までの積算量は含まれていない。屋内にいれば、値が下がることを考慮にいれても、赤宇木の積算量が、原子力安全委員会が避難の対象としている年間五〇ミリシーベルトを、数ヵ月のうちに超えることは明らかだった。そうであるのに、政府が、赤宇木にいる人たちに、積極的に危険を知らせることはなかった。なるほどホームページで公表はしていたが、それで知らせたことになるだろうか。そもそも、赤宇木は、インターネットを利用できるような環境ではなかった。それをひとまずおくとしても、ではなぜ、地名を伏せたのか。空間線量についても、積算量についても、データを地名入りで発表するようになったのは、政府が計画的避難区域の設定を発表した四月一一日以降のことである。

　文部科学省原子力災害対策支援本部に取材してみると、地名を伏せたのは計画的避難区域に設定するまでは、風評が拡がることを恐れたから、ということだった。風評とは、世間の評判、うわさ、という意味である。しかし、赤宇木の放射能汚染は、事実であり、うわさ話などではない。文部科学省の本音は、赤宇木の放射能汚染の異常な数値を知られたくはなかったのだと言うしかない。国の姿勢は、住民の安全よりも、混乱の回避を優先するものだった。ホームページでの公表はアリバイ的なものにすぎないと批判されても仕方がないだろう。

　では、地元の自治体はどう対応したのだろうか。二本松市の東和支所の二階に間借りしている浪江町役場を訪ねた。ゴールデンウイークの最中だったが、役場は休日返上で、被災者の対応にあたっていた。文部科学省のホームページに公表された空間放射線量および積算線量のデータのコピーを示しながら、馬場有町長に話を聞いた。町長は、そのデータの存在を知っていた。三月二〇日ごろ、アドバイザー役の、東北電力の専門官から報告を受けたという。だが、町は、住民にその数値を伝えることはしなかった。自主避難を要請するビラを配布はしたが、そこに、赤宇木の突出した空間線量が示されることはなかった。

「ただ、インターネット上に載っているというだけでは、その数値を信じていいのかわからないじゃないですか」

町長は言った。

「文部科学省から、直接、連絡はなかったのですか」

「ない。一切ない。書面による通知もなければ、電話の一本もなかった」

国と現場自治体の間に、住民の安全にかかわる、最も重要な情報について、確実な伝達はなかった。それにしても、ホームページ上の数値を知っていたのなら、混乱の最中とはいえ、町のほうから国に問い合わせることもあってよかったはずだ。しかし、町はそれをしなかった。

「だいたい、責任の所在がわからないんです。文科省なのか、経産省なのか、保安院なのか。いったいどこなんです」

町長は、いらだちを隠さなかった。町と国の間には、基本的な信頼関係も失われていた。

危険にさらされている人々に、なんとかしてそれを知らせることは、行政の最優先の課題だったはずだ。その当たり前の姿勢が、国にはなかった。木村真三さんから、赤宇木の放射能汚染について説明を聞いているときの集会所の人々の困惑と不安の表情を、私は、忘れることができない。赤宇木は見捨てられていた。そこは最も肝心な情報が届かない、穴ぼこのような場所だったのである。

局内の空気が変わり始めた

私たちが、赤宇木の放射線量の異常な高さについて最初に伝えたのは、その事実を木村さんの測定によって確認した六日後、四月三日放送のＥＴＶ特集『原発災害の地にて――対談　玄侑宗久・吉岡忍』の中でだった。後に私たちは、四月三日では遅すぎる、なぜもっと早く、ニュース枠で伝えなかったのかという批判を受けた。もっともな批判であり、真摯に受け止めている。しかし、先に書いたように現場からの撤退命令を受けた局内のお尋ね者である私たちに、実際上、その手段はなかった。

それどころか、実は、この『原発災害の地にて』を四月三日に放送できたのも綱渡りの末だったのだ。通常、九〇分サイズの番組なら、編集作業に当てる時間が、少なくとも二週間はあるが、このとき、私たちの持ち時間は二日間しかなかった。泊まり込みで編集にあたったが、最大の問題は時間ではなく、編集方針をめぐる上層部との対立だった。番組の企画は対談番組として採択されたのであり、吉岡さんの現場リポート、まして三〇キロメートル圏内の赤宇木リポートなどもってのほかだ、それが上層部の考えだった。現場を知り、それを伝えようとする私たちとの間の溝は、大きかった。すったもんだの末、吉岡リポートを挿入する了解を得たのが放送前日の朝、番組が完成し、放送テープを登録したのは、オンエアの三〇分前だった。

そのETV特集『原発災害の地にて』は、幸い、大きな反響を得た。玄侑さんと吉岡さんの、本質をついた対談の力が大きいが、同時に視聴者は、この番組で原発事故現場の周辺で何が起こっているのかを、初めて垣間見た。よくぞ、あそこまで入って伝えてくれた、そんな声も少なくなかった。そして、番組への反響がNHK局内の空気を少しずつ変えてゆくことにもなった。『ネットワークでつくる放射能汚染地図』の再提案が通り、福島を担当する梅原勇樹ディレクター、飯舘村を担当する石原大史ディレクターの両チームが、勇躍、現地に再突入、そして科学計測チームには岡野眞治さんが合流、木村さんとタッグを組むことになった。『ネットワークでつくる放射能汚染地図』は幾たびも危機に瀕してきたが、ようやくその実現に光明が差してきたことを私たちは実感していた。三月二九日、私たちに現場から撤退するよう電話で伝えてきた制作局幹部も、後には私たちの番組を全面的に支援してくれることになる。

第四章

放射能汚染地図をつくる

七沢　潔

岡野二号機の登場

木村真三さんは三月二七日に赤宇木のホットスポットを見つけ、翌二八日に集会所に暮らす人々にそこが危険な高濃度汚染地帯であることを告げ、立ち去るように説得。その後は岡野眞治博士から借りた測定記録装置を今井ドライバーの運転するロケ車に積んで、福島県内の幹線道路をひた走っていた。

最初はいわき市から伊達市、福島市などへと南北に走る複数の幹線のデータをとり、やがて郡山市から双葉町、福島市から南相馬市までなど西と東をむすぶ幹線沿いの空間放射線量を測定記録した。道路を網目状に走破することで、より緻密な放射能汚染地図にしようとしていたのだ。

この時点ですでに今井車の走行距離は三〇〇〇キロメートルを超えていた。

「今井さん一人が仕事して、僕は車に乗っているだけで申し訳ないようなんですが、さすがに腰が痛くなりましたね」

木村さんも手ごたえを感じていた。

三月三〇日、NHK制作局から全員撤退の命令を受けて、東京に引き上げるときも、東北自動車道を走りながら、途中の栃木や埼玉の放射線量も測定記録した。そしてデータは、三月三一日にいったん岡野さんのもとに届けられ、解析された。

「那須塩原あたりがけっこう汚染されているね」

岡野さんは、例によって思いもよらないところから話題に入った。

四月五日、私は木村真三さんとともに解析結果を見せてもらうため鎌倉のご自宅を再訪していた。

岡野さんはあらかたの解析を終えて、理化学研究所時代の同僚が開発したコンピュータソフトを使って木村さんが測定記録したデータを地図に落としていた。使っている四台のＩＢＭはパソコンが出始めた一九七〇年代からの愛用機で、ファイルは当時から使っている仕様のＤＯＳ。測定を始めた一九五〇年代からの内外のデータすべてが、ファイルになって自宅のアーカイブに保存されている。

測定記録装置の部品は自らの手で作った。何しろ一九五四年の第五福竜丸事件の後に日本政府が派遣した調査船「俊鶻丸」に乗ってアメリカの水爆実験の行われた南太平洋に出かけたときも、測定器は、配線図を自分で書き、真空管などの部品は秋葉原で調達し、ハンダづけも自分でやって作り上げたものを持って行ったという。そのころはまだ測定器を製作するメーカーなど、どこにもなかったからだ。

今もときに秋葉原に出かけては使えそうなパーツを見つけてくる。装置の改良を思い立てば徹夜をしてでもそれに集中する。データの解析が腑に落ちなければ鶏の声を聞くまでパソコンに向かう。岡野さんは測定技術に関する究極のマニア、いわば元祖「おたく」なのだ。

この日地図に落とされプリントされたデータは放射線レベルの高いほうから、赤、オレンジ、黄色、緑、青に色分けされていた。地図の中の右上、つまり福島県の北東部に赤、オレンジ、黄色が集中している。これは最も大量の放射能が放出された三月一五日に風が原発から北西に向かって吹き、なおかつ雨や雪が降って地表に濃厚な放射能汚染ができたことを示していた。この日の本題はそこにある。

だが岡野さんの目は地図のはずれ、青色の丸が連なり、放射線量の低い福島県南部から栃木県にかけてのゾーンに飛び地のようにある黄色の一点に注がれていた。そこは東北自動車道の那須塩原サービスエリア、私たちが福島の帰りがけに夕食をとった場所だった。遅ればせながら公表されたSPEEDI(緊急時迅速放射能影響予測ネットワークシステム)によって明らかになり、さらにこのころ公表されたアメリカの無人偵察機によるエアサーベイによる汚染マップでも確認された福島県北東部の汚染は、すでにニュースではなかった。誰も把握していない那須塩原の汚染への着目は、ジャーナリスト的なセンスをもち、情報の鮮度を重んじる岡野さんらしかった。(この那須塩原については、その後報道局系の友人に伝えられ七月放送のNHKスペシャル『シリーズ原発危機第二回　広がる放射能汚染』でフォーカスされることになる)

それでも、この日の主題はやはり北東部の汚染だった。この時点で地図の中では、阿武隈山系を南北に走る国道三九九号線沿いに五キロメートル近くにわたって続く赤色のホットスポットがひときわ目立った。三月二七日に木村さんが今井車で走ってつかんだデータである。

一方、この赤宇木を含む汚染地帯は、偶然にも同じ日に、私と大森が浪江町と福島市を結んで東西に走る国道一一四号線に沿ってレンタカーを走らせて計測しながら見つけていた。その時半径二〇キロメートル圏に近い昼曾根《ひるそね》から三〇キロメートル圏の外に当たる津島まで、小型測定器は検出限界の毎時二〇マイクロシーベルトを超えて振り切れたままであった。長さ一〇キロメートル以上にわたる汚染地帯であったが、この時点では木村さんチームはまだこの国道一一四号に沿った区間を測定記録していなかった。そこは小さな川に沿ってできた谷間であり、私たちは「死の谷」と呼んでいた。

　この話をすると岡野さんの目が一瞬にして輝いた。

「ではそこに行きましょうかね」

　一瞬耳を疑ったが、岡野さん自身が「死の谷」に行って測定すると言い出したのである。せめて一〇年前ならば「待ってました」と声が出るところだが、今回は八四歳になる岡野さんに現地に行っていただくことは毛頭考えていなかった。家の中ですら、ふらつきながら歩く岡野さんが、震災と原発事故で足場の悪い福島に行くことができるのか心配だったからだ。

　こちらの心配を見透かすかのように、岡野さんはおもむろに木村さんに貸した測定記録装置（岡野一号機と私たちは命名していた）とは違う、それよりも一回り大きなアタッシュケースを持ち出してきた。

　この装置は一号機の機能に映像が付加されたものだった。岡野二号機と私と大森が命名したこの装置を使うと、超小型のビデオカメラで撮影したビデオ映像に、その音声トラックを使って六秒おきに記録されたその場の放射線量がバーグラフで表示され、さらに放射線のエネルギー分布を表すスペクトルも三〇秒おきに表示される。つまりこの装置を使えば汚染地帯の現場のビデオ

岡野2号機によって福島市内のビデオ映像に表示された放射線量とスペクトル

映像を見ながら、その場の放射線量とそこにある放射性核種の種類を知ることができ、岡野一号機同様に記録されたGPSによる位置情報と時間を照合することで、放射能汚染地図もつくることができるのである。

ハイビジョンモニターにうつる自宅の居間の映像にその場の放射線量とスペクトルを表示して見せられ、木村真三さんはまたしても度肝を抜かれた。岡野さんはご満悦だった。

「死の谷」をドライブしながら、その場の放射線量、その内容をテレビで「実況中継」しようというのである。テレビ番組の制作にとっては、なんとも魅力的な提案だった。

このシステム自体はすでに二四年前の私の番組でも一部用いられたが、そのときは幾つもの別々の装置による大掛かりな仕掛けだった。岡野さんはそれをその後、片手で持てるアタッシュケースのサイズにまで小型化したのだった。

日本に五台ほどあり、理化学研究所や放射線医学総合研究所などにも配備された岡野一号機と違い、岡野二号機は世界に一台しかなかった。そして難しい調整を要するこの装置を使いこなせるのは、世界で岡野さんただ一人だった。私たちはもはやこの提案に乗るしかなかった。

ただしロケの間、岡野さんの体調が維持できるのか心配であった。老博士は低血糖症であるため、一時間に一度、ブドウ糖を補給しないと燃料が切れたロボットのように活動を停止してしまう。ご自宅で何回かそうした場面に遭遇した私と木村さんは、郁子夫人にロケに同行していただき、少なくとも宿にいる時間の体調管理をお願いできないかと願い出た。

八一歳になる郁子夫人は最初、躊躇《ちゅうちょ》されたが夫の意志が固く、言い出したら聞かない性格も知り抜いているため、しぶしぶ同意された。これで鬼に金棒だ。後は日取りの設定だけだった。

福島第一原発正門前へ

四月三日のＥＴＶ特集『原発災害の地にて——対談　玄侑宗久・吉岡忍』の成功により、勢いを得た私たちは念願の「放射能汚染地図」の番組提案を通すことができた。タイトルは『ネットワークでつくる放射能汚染地図』とした。このころ、アメリカのエアサーベイをもとにした汚染地図や福島大学のつくったメッシュマップなど、「官製」の汚染地図も部分的ながら出始めていた。それと違うのは、組織の命令ではなく、志ある専門家が自らの意志で参加し、共同・連携作業で汚染地図をつくろうとしていることだった。それも一点を測定したデータでその周り数キロメートル四方を塗りつぶす手法ではなく、あくまで地べたを動いて六秒間隔とはいえ連続的な実測値の積み重ねでつくる、より密度の濃い、したがって汚染の濃淡がより微細に把握できる地図になるはずだった。

そして「ネットワーク」という言葉にはもう一つ、原発事故後、政府と一体化したかのように発表ジャーナリズムに退化したテレビや新聞とは一線を画し、市民の目線に近い、足でかせぐ取材番組をつくるという「宣言」が隠されていた。つまり事故後、市民が欲する情報が流され、市民が意見交換する場として機能していたインターネットという新しいメディアのもつ「寄り添い感」や、目線の低さを意識したのである。

四月二〇日、私は事故後第三回目のロケに出発するため今井ドライバーと、岡野さんと郁子夫人を鎌倉の自宅に迎えに行った。すると博士は家を出てくるなりすぐに岡野二号機を車中で広げ、付随のミニビデオカメラを今井車のフロントに設置し、そのカメラが撮る映像を映し出す小型モニターをロケ車中央の自分の席の前に据え付けた。目的地の三春町の宿に着くまでの間、装置の駆動テストを兼ねて道中の放射線量を測定記録するというのである。

「向こうに着いてからでいいでしょう」と夫人がたしなめるが、そんな言葉は耳に入らないほど岡野さんは気合が入っている。この、家を出たところから測定記録を始める岡野さんの方法は、沿線の横浜や東京の各地、常磐道沿いの埼玉や千葉、茨城への汚染の広がりをとらえるためには有効だった。

「行ってみなけりゃわからない。測ってみなけりゃわからない」が口癖の岡野さんの徹底した現場へのこだわりが為せる業だった。

三春町には夕刻に到着。その日はゆっくりとラジウム温泉に浸かって休んだ。

翌四月二一日、ロケルートの打ち合わせの後、午前一〇時にロケ車は三春町を出発。

今井車には岡野眞治さん、木村真三さん、私、制作技術局撮影部の日昔《ひむかし》吉邦カメラマン、音声の折笠慶輔が乗り込んだ。この日立てた計画では、三春町から国道二八八号線を東に走り、都路町、双葉町を通って浪江町の中心部に行き、そこから始まる国道一一四号線を終点の福島市まで走破しながら放射線量を測定記録する予定であった。つまり赤宇木を通る「死の谷」の測定走破が主目的だった。

国道二八八号線は三月一六日以来何度も走った、いわばお得意さんの道だった。しかし事故から四〇日たったこのころ、空間放射線量はかなり減衰していた。田村市の中心部では三月一六日には車中で毎時一マイクロシーベルトあったが、この日は同じ場所で毎時〇・二マイクロシーベルトまで減っていた。これは半減期の短いヨウ素一三一やテルル一三二などがすっかり消え、半減期二年のセシウム一三四や半減期三〇年のセシウム一三七が主役に躍り出たことを意味していた。

都路町の中心部をはずれると二〇キロメートル圏の検問所があった。以前にはなかったこの検問は、翌日四月二二日から二〇キロメートル圏内が「警戒区域」とされ、特別な許可がない限り立ち入り禁止となるため設けられた。マスクにゴーグル姿の警察官に身元を聞かれ、腕章を見せながら「ＮＨＫです。取材計測で入ります」というと、「お気をつけて」と言って通してくれた。

トンネルをぬけ双葉町に入る。三月一六日の午後、毎時三〇〇マイクロシーベルトの検出限界が振り切れた山田地区を通る。

「いまは八〇マイクロになりましたね」

木村真三さんが感慨深げに数値を読み上げる。もちろん依然として人が住むには危険な高い放射線量ではあるが、当時、土壌サンプルのなかに一平方メートルあたり一億六〇〇〇万ベクレルあったヨウ素一三一が、ずいぶんと減ったのだと思うと少しだけ脱力するような気分になった。

双葉町の町中は車中で毎時三マイクロシーベルトまで減衰していた。三月一六日には四〇マイクロシーベルトはあった場所である。この日は風のほとんどない日だった。私のなかに突然、ある場所にアプローチするアイデアがひらめいた。

東京電力・福島第一原子力発電所正門。

それはこれまでさまざまな障害があって行けなかった場所だった。しかし、大量の放射能を放出して大地を汚染し、人々を被ばくさせ、八万五〇〇〇人以上（自主避難を含めると一六万人）が土地を追われ家を失って避難民となった原発事故の発生地であり、責任企業の所在地に向かうのは、取材者として当然の行為であった。

しかも翌日ここが「警戒区域」となれば簡単には近づけなくなる。五月一五日の放送日が迫るなかで、事実上最後のチャンスだった。

数日前に正門前に行ったフリージャーナリストの話では空間の放射線量率は毎時七〇マイクロシーベ

ルトだったという。二号機から大量の放射能が放出された三月一五日の朝九時にはその約一七〇倍の毎時一二ミリシーベルト（東京電力発表）となったこの場所でもずいぶん減衰が進んでいるようだった。

「正門に行きますか」

「行きましょう」

二つ返事をよこしたのは木村真三さんだった。ドライバーの今井さんが国道六号線との交差点でハンドルを右に切る。車はすぐに大熊町に入り、三月一六日、原発の煙突を望んだ長者原に差し掛かる。

あの時、断裂していた道はすっかり修復され、棄てられていた小型乗用車も撤去されていた。それから四〇日近くの事故との格闘のなかで、ひっきりなしに車両が行き交う幹線道路は真っ先に復旧されたのだと理解する。

長者原の立体交差をすぎて、左折すると原発正門まで一本道。この日天気は快晴、途中満開に咲き競う桜並木を通る。

「上がってきましたね」

岡野さんが少し高揚した声で知らせる。

「いまで六〇マイクロシーベルトありますね」木村さんが答える。

正門前にたどり着くと、白い防護服に身を包み、フルフェイスのマスクをした体格のいい男たちが正面に立ちはだかった。そのうちの一人が両手で手招きをして、こちらに来いと合図をする。

　何か大声で叫んでいる男もいる。彼らのマスク越しの目は鋭い。おそらく警察官であろう。車が男たちのいるゲート前につくと、ボードと鉛筆をもった男が近寄ってきて、何か叫んでいる。カメラを回すなといっているらしい。そういえば正面には撮影禁止と書いてある。日昔カメラマンは助手席から構わず撮影を続けた。

　ボードと鉛筆の男はロケ車の車体番号を書き取っている。ちょっと嫌な気分になってきた。男たちの一人が携帯電話をとりだして、どこかに連絡しようとしている。

　私有地かもしれないが、正門外で車中から撮影しているくらいで警察に通報される謂れはない。しかし、二〇日ほど前に右翼の街宣車が福島第二原発に突っ込んだこともあって、相手は緊張しており、不審者と思われて過剰反応され、揉め事になるのは避けたかった。私は扉を小さく開けて車を降りた。するともう一人のボードと鉛筆をもつ男が近寄ってきて「どちらさんですか」と尋ねる。ここで嘘を言うことはできない。「NHKです」と言うと、男は驚いた表情を浮かべ、ボードにはさんだ紙に書き込む動作を止めた。その紙をのぞくと、たくさんの会社や個人の名前が書かれていた。これまでにここにやってきた来訪者たちだった。フリーのジャーナリストの名が多く、さすがに放送局や新聞社の名前はなかった。「NHK」といっても信じられないようだった。

　ここで別の男が今井車の車内を指差し、「マスク着けないとダメだ」とどなっている。私たちスタッフの誰もが五層構造のマスクを着けていた。ただ一人の例外は、八四歳になる岡野さんだった。

放射線測定と防護における日本の第一人者は、この日二〇キロメートル圏に入るとき、「先生、マスク着けますか?」という木村真三さんの呼びかけに首を横に振って「いらない」と答えていた。防護服も何も着けない、ブレザー姿の老人の存在は、正門前の男たちにとって宇宙人に出会ったかのような衝撃を与えたに違いない。

「中に入れてもらえませんか」とボードの男に尋ねる。

「ダメですよ。本店を通してください」

何度か粘ってみたが、これ以上の押し問答はむだのようだった。私はあきらめて車に戻る。するすると測定器に目を落としつづけていた岡野さんが、いつもと変わらぬ低い声音で「中に入れるのかな」と尋ねる。やっとおもしろくなってきた、これからだ、といった風情である。

日昔カメラマンは撮影を続けている。

しかし、これ以上ここにいないほうがよいことは明らかだった。万が一、NHKに通報されるとやっかいなことになる。

「ダメなようです。帰りましょう」と指示すると、今井ドライバーは車をUターンさせる。

すると木村真三さんが間髪を容れず、

「帰りに土を一発採って行きましょう。ここは私有地でまた怒られると困るから、一般道に出てからでいいですから」

ここまで来たら、転んでもただでは起きない。岡野さん、木村さん、ともに「反骨」の研究者魂を見せた瞬間だった。

元来た道を戻り、途中で住宅が見える方向に小道を右折する。やがて左手に駐車場のある喫茶店が現れた。ここで車をとめ、木村さんは土壌サンプル採取用の道具を持って車外へ。私は外に出ようとする日昔カメラマンを制して、自ら小型ビデオカメラを持って車を降り、公用地である車道脇の土を採る木村さんを撮影した。

ここで土壌サンプルを採った木村さんの狙いは明確だった。正門から一キロメートル、原発からでも一・七キロメートルのこの場所ならば、プルトニウムが検出される可能性があったからだ。原爆の材料となり、肺に入ると肺ガンを起こす危険性のあるプルトニウム二三九の半減期は二万四〇〇〇年。福島原発事故では東電の敷地内では見つかったが、敷地外ではまだ検出されていなかった。

サンプルはその後、ガンマ線を発する核種の分析ができる長崎大学の高辻俊宏准教授と、アルファ線を出すプルトニウムの解析を専門とする金沢大学環日本海域環境研究センターの山本政儀教授のもとに送られた。

原発から遠ざかるほど放射線量が上がった

次に私たちは今回の測定活動の本来の起点である浪江町の中心部に向かった。

三月の末、赤宇木の集会所で出会った一二人の自宅がある地域である。そこもまた三月一二日に住民が避難して以降、人の住まない場所になっている。

　無人のスーパーやファミリーレストランが立ち並ぶ国道六号線を北上し、途中左折すると商店街に入る。ここの放射線量は意外にも低い。ＪＲ常磐線の浪江駅に出て駅前のロータリーに駐車する。ここでは岡野二号機につないだビデオモニターのバーグラフは毎時一マイクロシーベルトを示している。もちろんスペクトルにはセシウム一三四、セシウム一三七のピークがはっきりと出ていて、ここがまぎれもなく原発事故で放射性物質が降った場所であることは明らかだった。しかし、原発からわずか八キロメートルの距離の浪江駅前の放射線量がこれほど低いとは思わなかった。

　駅前の商店は地震の被害を受けていた。酒屋は建物が傾き、酒瓶が散乱している。たまたまこの日は、警戒区域になる前日だったため、白いタイベックスーツを来た店主と夫人、娘さんが目ぼしいお酒や貴重品の持ち出しにやってきていた。

　足の踏み場もないほど床に散らかった商品や調度品の山が痛々しい。

　地震の被害だけであれば家屋を解体して、建て直すなりの復興計画も考えられるだろうが、原発事故の警戒区域となると、それが解除されるまでは立ち寄ることさえ、許可なしにはできない。空間線量の低さからすると納得しにくいかもしれない。

　それにしても、どうして街中の線量が低いのか。ＧＭサーベイメーターをもって街中を歩いて測定してきた木村真三さんも首を傾げている。

「街のなかはね、アスファルトでできているところが多いからね、雨が降ると放射能が流されやすいんですよ」

岡野さんが理由をそう説明した。ここの路上に付着した放射性物質は雨に流されて側溝に入り、下水道を伝わってどこかへ移動していったのだという。

お昼すぎになった。私たちはいよいよ、今回の測定記録の主目的地である「死の谷」を目指して、国道一一四号線を浪江町の街中から北西方向に向かった。

車が山間部に近づくにつれて、モニターの中のバーグラフの伸びは大きくなる。川に沿った狭い谷に差し掛かると、毎時一〇マイクロシーベルトの検出限界を超えた。するとそれまで表示されていたスペクトルが出なくなる。トンネルに入ると外界から遮蔽されるため放射線量が下がって、スペクトルも回復するが、出たとたんに再び上がって振り切れる。

原発から二〇キロメートル地点の昼曾根では振り切れたままになった。岡野さんのモニターは「ピー」という振り切れ音を発し続ける。このあたりでいつになく対向車が多くなる。翌日から二〇キロメートル圏内に警戒区域が設定されるので、その前に自宅にものをとりに帰る避難民たちだ。

いよいよ、赤宇木の集会所の入り口、石井商店の前に差し掛かった。ここで車をとめ、木村さんのGMサーベイメーターで測ると毎時四〇マイクロシーベルトあった。原発から二八キロメートル離れた地点で八キロメートル離れた浪江の街中の四〇倍、原発から三キロメートルしか離れていない双葉町の街中の一〇倍以上の放射線量が検出されたことになる。しかもこの高放射線量は国道一一四号線に沿って一〇キロメートル以上にわたって続いていた。

事故から四〇日たっても続くこの高い空間線量は、原発から放出された放射性物質が、この谷をなす山の木々や大地に沈着していることを示していた。つまりここは高濃度の放射能汚染地帯、それも、局部的な汚染であるホットスポットというよりも、広い面積が汚染されたホットエリアと呼ぶべき場所だった。ではこのホットエリアである「死の谷」はどのようにして形成されたのであろうか。

「死の谷」はこうして作られた

事故によって原発から放出された放射性物質はプルーム（放射性雲）と呼ばれる気団となって、風によって遠くまで運ばれた。3・11の地震と津波により、原発周辺の市町村にある観測施設は故障したため、爆発やベントで原発から放射性物質が大量に放出された期間のポイントごとの風向きを正確に知ることはできない。

だが、福島県が各地の自治体の役場周辺で一時間おきに計測した環境放射線測定のデータなどから考えると、次のようになる。三月一二日一五時三六分の一号機の水素爆発後、風は北向きに吹いていた。一二日の二三時に福島第一原発から一〇〇キロメートル北の宮城県女川原発で線量が毎時二一マイクロシーベルトまで上昇、一方福島県内各地の放射線量は翌一三日に南相馬市で毎時三マイクロシーベルトが記録された。また、このころ双葉町に入ったフリージャーナリストの広河隆一さん、豊田直己さんたちが測定器の検出限界である毎時一ミリシーベルトを超える空間線量率を、原発の北三・四キロメートルにある病院の前で計測している（なおこのとき広河さんたちはまだ避難していない住民に放射線レベルが高いことを告げて、退避を呼びかけている）。

三月一四日午前一一時、三号機で水素爆発。しばらくは西風が吹き、プルームは海上へと流れていたと思われる。ところが一五日の未明になるといわき市の放射線レベルが上がりはじめ、午前四時には毎時二三マイクロシーベルトに達した。これは風向きが南に変わったこと、さらにそれまでに何らかのイベントが起こったことを意味している。ちなみにスリーマイル島原発事故や東海村JCO臨界事故を解析してきた田辺文也・元日本原子力研究所研究主幹は、このころまでに二号機の原子炉格納容器の圧力抑制室に穴があき、放射能の放出が始まっていたと見ている（注1）。

三月一五日の午前六時二〇分に爆発音がして、二号機の格納容器中央部のドライウェルが破損し、同じころ四号機の使用済み燃料プールで爆発と火災が起こって大量の放射能が放出されてから、いわき市では午前七時に毎時九マイクロシーベルトになるが、その後毎時二マイクロシーベルトのレベルに減る。これは風がそれまでの南向きから、次第に南西に、やがて北西方向へと流れを変えていったこととつながっている。

正午になると原発から南西へ二〇キロメートルあまりの川内村で放射線量が急上昇。午後二時には、原発から六〇キロメートル離れた郡山市で、それまでの七〇倍近い毎時四・一四マイクロシーベルトに上昇、県庁所在地の福島市では午後五時に突然、毎時二〇マイクロシーベルトに跳ね上がった。

浪江町赤宇木を襲った放射性雲は、このとき福島市へ向かった風の流れにのり、原発から出た放射性物質をあの谷間に運んだと思われる。

そして岡野さん、木村真三さんと私たちが走った国道一一四号線沿いの谷間には、山々に遮られた放射性雲が滞留した。そしてこの日は夜半に冷え込み、谷間に雪が降った。表面積の大きい雪は雨よりもさらに放射性核種を捕捉しやすく、放射能は地表に落とされて土壌に沈着したり、植物に吸着されていった。

岡野さんは、小さな川に沿ってできた赤宇木周辺の谷間は、天候の変化が激しく、雨や雪が降りやすいという。実際、赤宇木の集会所にいた岩倉公子さんの日記によると、滞在した二週間に四日間、雪や雨が降っている。雪や雨が降るたびに、放射能の大地への沈着量は増えていったと考えられる。

実際、三月二八日に木村さんが赤宇木集会所横で採取した土壌からは、一平方メートルあたり二三二〇万ベクレルのヨウ素一三一、それぞれ二〇〇万ベクレルのセシウム一三四、セシウム一三七が検出された（三月一五日換算）。セシウムはチェルノブイリの第一ゾーン、立ち入り禁止区域の下限値の三倍近い高濃度である。同じ場所で採れたキノコからは一キログラムあたり四二万ベクレルの放射性セシウムが検出された。これは食用シイタケなどの暫定基準値（一キログラムあたり五〇〇ベクレル）の八四〇倍にあたる高レベルの汚染だった。

原発から半径二〇キロメートル圏から三〇キロメートル圏にかけて広がる浪江町津島地区のホットエリアは、その汚染濃度においてチェルノブイリに匹敵するレベルであることは間違いなかった。仮に放出放射能の総量では少なくても、周囲に平野が広がるチェルノブイリと違い、福島は山が多く放射能が滞留しやすい地形だった。四月の末に事故の起こったチェルノブイリではあまり降らなかった雪や雨が降り注いだことも、局部的に深刻な土壌の汚染につながったのだ。

放射性雲のゆくえ——飯舘村、そして福島市

赤宇木のある浪江町津島地区に放射性雲を運んだ同じ北西の風にのって、三月一五日に二号機と四号機から放出された放射能は峠一つ隔てた飯舘村を襲った。原発から二五〜四五キロメートルの距離に位置する飯舘村は約二〇の集落からなる人口六〇〇〇人の村である。主な産業は酪農や牧畜、稲作や野菜栽培などの農業。事故後ここで何が起こったかについてのリポートは現場取材をした石原大史が詳述する次章に譲り、ここでは放射能汚染の実態についてだけ触れる。

といっても、私たちの番組の調査チームはこの地区ではほとんど空間線量の測定も土壌や植物のサンプリングも行わなかった。木村真三さんの調査を支援する科学者ネットワークのメンバーである京都大学原子炉実験所の今中哲二助教、広島大学の遠藤暁准教授たちが、三月の末、飯舘村役場の協力を得て、二日間にわたり村内一三〇地点での空間線量測定などを行ったため、そのデータを共有することにしたからである（巻頭カラー図3参照）。

この調査により、この時点で飯舘村役場を含む村の中央部から北部では毎時二〜七マイクロシーベルト、山間の南部地域では北部より高い放射線レベルが認められ、比曽川《ひそがわ》沿いでは毎時一〇マイクロシーベルトを超え、最大では二〇マイクロシーベルトにおよぶことが明らかになった（注2）。

さらに今中さんたちの調査チームは村内の五ヵ所で地表五センチメートルの土壌のサンプリン

グを行い、持ち帰って広島大学で分析した。その結果、役場前では一平方メートルあたり五八万八〇〇〇ベクレルのセシウム一三七が検出された。合計値一三三万八〇〇〇ベクレルのセシウム一三四が、七四万ベクレルのセシウム一三七が検出された。合計値一三三万八〇〇〇ベクレルは、チェルノブイリでは第二ゾーンの移住義務地域にあたる。さらに最も汚染の濃かった南部の曲田《まかた》では、一平方メートルあたり二一九万九〇〇〇ベクレルのセシウム一三四が、二二一万七〇〇〇ベクレルのセシウム一三七が検出された。この合計値四四一万六〇〇〇ベクレルは、隣の浪江町赤宇木集会所の土の汚染値とほぼ同量で、チェルノブイリでは第一ゾーン、立ち入り禁止区域に該当する。この土地もまた、将来にわたって人が住むことのできない、高濃度の放射能に汚染されていることがわかったのである。

ちなみに今中チームは四月の段階で、土壌データから三月一五日一七時時点の曲田における空間の放射線量率を計算し、毎時二〇〇マイクロシーベルトと割り出した。一日中外にいれば一般人の被ばく限度量の五倍、五ミリシーベルトの被ばくとなる。この値が妥当であることは、峠一つ隔てた浪江町赤宇木で、同日の二〇時に毎時三三〇マイクロシーベルトが検出された（文部科学省データ）ことから、裏付けられる。

問題なのは、高い放射線レベルとなったこの期間、飯舘村では南相馬など村外からの避難民受け入れのため野外で活動する人が多かったこと。また、放射線量が最大となった一五日夕刻からは雨も降っていた。国や県からは何の警告も発せられず、野外活動した人のなかには多くの子どもたちも含まれていた。大量に飛来していたヨウ素一三一を摂取したことで、特に子どもたちが将来甲状腺障害やガンに罹患することが懸念されている。

同時に、経済産業省原子力安全・保安院のチームが、原発事故後の放射能の流れを予測し、避難対策づくりに生かすSPEEDIのデータを取り、この浪江町津島地区、飯舘村方面への放射性雲の来襲が予測されたにもかかわらず、それが官邸に伝えられず、住民に警報すら発せられなかった事実が最近の報道で明らかになった（注3）。報道によれば「パニックや風評被害を防ぐ」ために人々に放射線量を伝えなかったと主張する行政は、実は自分たちが事故後パニックに陥って、集まるべきオフサイトセンターに集まらない人も多く、電源を失い機能不全となったそこを撤退する際には、重要な放射線データを記した報告を置き忘れてくる失態を演じていた（注4）。

再び四月二一日の午後に戻ろう。岡野さん、木村真三さんを乗せた私たちのロケ車は、浪江町赤宇木を後に放射性雲を運んだ風の通り道、国道一一四号にそって、川俣町をぬけ、福島市を目指した。市の南東の端にあるトンネルをぬけると、それまでの農村風景とはうって変わって、ビルや団地、おしゃれな住宅が立ち並び、遠くには新幹線の線路も見える大都市の風景が開けてきた。

人口三〇万人、県庁所在地で、大学や進学校もあり、競馬場もある。原発から六〇キロメートル離れたこの町の放射能汚染はどれほどのものか。岡野さんは興味しんしんでガンマ線シンチレーションスペクトロメーター（岡野二号機）に接続したモニターの上のバーグラフに目をやる。

「やはりちょっと下がりますね。いままでのとこに比べて」

平均して毎時一〇マイクロシーベルト以上あった「死の谷」に比べれば、町中はおおよそ一桁少ない値だ。

橋を渡り町の中心部に入ってもあまり変わらない。ただし、モニターに映るスペクトルにはセシウム一三四、セシウム一三七のピークがしっかりと出ている。ここには確かに、原発から出た放射性セシウムが到達している。

「公園とか、学校の校庭とかに行くと、降ったものがよくわかるんだがな」

と岡野さんがいう。

さっそく市の南東部にある福島市立渡利中学校に行ってみる。弁天山という小高い山の北側の裾にあるこの地区は渡利地区と呼ばれ、そのころ地元ではすでに放射線の値が高いことが知られていた。

ロケ車が校庭の南側の道に入ると放射線の値が急に上がった。

「ここは高い、高いよ。ここで止めて」と言うや木村真三さんがGMサーベイメーターを片手にロケ車を降りる。私も岡野さんに借りた小型のシンチレーションサーベイメーターをもって追いかける。

「二から四・二五の間ですね、ここは。ちなみにこのレベルは、いまのチェルノブイリの三キロメートル圏といっしょですよ」

木村さんは校庭のフェンス越しに地上一メートルの高さの空間線量を計る。

二人で歩いて正門前まで回ると、アスファルトが敷かれているため線量は一・七マイクロシーベルトまで下がった。放射能が雨で流されて低くなっているのだろう。

渡利中学校校庭近くで測定する木村博士（左）と七沢潔

そこで木村さんは自転車で通りかかった中年の婦人に話しかけられた。

「この辺は放射能高いのかね」

「やはり少し高いですね」

木村さんが答えると、婦人は外しかけたマスクをかけ直し、

「もうみんな心配さ。外さ出るときはマスクするのさ」と言い残して自転車で去っていった。

この中学校については梅原勇樹が取材し、第六章に記しているのでそちらを読まれたい。

私たち調査チームはその後、渡利中学校の裏手にある弁天山に登り、放射性雲を運んだ風の通り道、国道一一四号線の筋道と、それを取り囲むように市内の南、東、北にある小高い山の近くにホットスポットが潜んでいるのではないかと仮説を立て、翌日四月二二日にふたたび調査に向かった。案の定、市の中央部のすぐ北に位置する信夫山《しのぶやま》の周辺で放射線値が高く、山を登ったところにある信夫山公園の遊び場では毎時

三・四マイクロシーベルトほどの線量が計測された。

公園は満開の桜に彩られていた。だが、鳥の鳴き声が響き渡るほど閑散としている。ようやく見つけた親子連れもテレビカメラをもった私たちを見ると、そそくさと遊び場を変え、まもなく帰っていった。福島市ではすでに、公園や学校など土や樹木のある場所の汚染が報道され、子どもへの影響を恐れる親たちは、子どもを近寄らせないようにしていた。

それでも、一年で最高の季節に屋内ばかりにいては、子どもたちにストレスが溜まってしまう。

そんな思いから、短時間だけ山の公園にやってきて、足早に帰るマスクをつけた親子連れの姿を見て、私は改めて放射能汚染の罪深さを思った。

浪江町や飯舘村では土に生きる人々の暮らしを破壊し生活基盤を奪った放射能が、同じ風にのって都市部に現れ、アスファルトの中に残されたささやかな自然すら「脅威」の場所に変え、家族の毎日の暮らしを断裂させていた。

四月二二日、岡野さんと夫人が鎌倉に戻ったあとも、私と木村真三さんは放射能汚染地図をより緻密にするため、レンタカーに岡野一号機を積んで未踏の道を走り続けた。

そして岡野さんによる念の入った解析を経て、放送日真近の五月一三日、ようやく地図が完成した。二ヵ月におよぶデータ収集の間にヨウ素一三一など短半減期核種のみならず、セシウムの減衰も始まっていて、データ間にギャップができていた。そこでデータをすべて四月三〇日の時点にそろえて換算した。
その後CGデザイナーの髙﨑太介の手でブラッシュアップされ、放射能汚染地図が出来上がったのは、五月一五日夜一〇時の放送開始の、三時間前のことであった（巻頭カラー図1と図4参照）。

注1　田辺文也「福島第一原発二号機格納容器（D／W、S／C）破損シナリオ」二〇一一年一一月四日
注2　今中哲二、遠藤暁、菅井益郎、小澤祥司「福島原発事故にともなう飯舘村の放射能汚染調査報告」『科学』二〇一一年六月号
注3　朝日新聞朝刊連載記事「プロメテウスの罠」二〇一一年一〇月～一一月
注4　二〇一一年一二月に公表された政府の事故調査・検証委員会の中間報告によると、国の原子力災害対策本部は三月一一日から一五日までの間のモニタリングデータの結果をファックスで受け取っていたが大部分を直ちに公表せず、ほとんどを六月三日になって初めて公表した。そのなかにはオフサイトセンターに置き去りにされ、その後回収されたデータも含まれていたという。

インタビュー 2　岡野眞治博士に聞く

ＮＨＫの七沢潔さんらとは、以前、チェルノブイリの共同調査をしたことがありました。事故を起こした原発周辺の放射線量を上空から測定したり、周辺の地域を五〇〇〇キロメートルくらい車で測定して回ったりしました。

七沢さんとはそれからずっと懇意にしていました。その七沢さんを通じて、紹介されたのが木村真三さんです。七沢さんは木村さんに「放射能の測定をするんだったら岡野のところに行けばいろんなことがわかるぞ」と吹き込んでいたようですね。私はすでに一線を引いていますが、放射能測定に関する長い経験に目を付けたのでしょう。

福島第一原発での水素爆発の第一報を聞いたときには、「大変なことになったな」と感じました。事故そのものもそうですが、事故の実態を調べる研究者が少なすぎるからです。核兵器による被ばく国である日本には、かつてはたくさん放射線の研究者がいました。

しかし最近は、原発の安全神話が強大になりすぎたせいか専門家が少なくなった。それに研究室の中でパソコンに向かい合うような者が多く、現地調査に乗り出す人材が不足していると感じていたからです。

そんなときに七沢さんから連絡があったのです。紹介された木村さんは、バイタリティのある若者でした。研究室に籠もっているだけの学者とは違った印象でしたね。

鎌倉の自宅まで来てくれた七沢さんや木村さんに私が提供したのは、放射線の量だけでなく、放射線スペクトル、つまりそれぞれの放射性核種がどれくらいあるかも測れ、同時にGPSを利用した位置情報も記録できる測定器です。電源は乾電池。これ一式が小型のアタッシュケースに収まっています。

さらにこの測定器は、ビデオカメラを接続すると映像の上にスペクトルや放射線量も表示できる。かつて私が勤務していた理化学研究所の仲間といっしょに作った装置です。

スペクトルを分析してどのような放射性核種が放出されたかを調べることは、こうした事故の場合非常に重要なことです。それによって、どういう事故だったのか、その内容がわかるからです。それから環境にどういう放射性物質が飛び散り、それがどういう影響を及ぼすかも推測することができます。今回の事故で一般的に行われたようなセシウムの量だけを測るやり方では、そこまでのことはわかりません。だから海外では放射線の調査は、スペクトルを調べるのが当たり前なんですよ。

われわれが福島に入ったときは、半減期の短いヨウ素やテルルが検出されました。事故から日にちが経ってしまうと、こうした核種の検出もできなかったと思いますね。

放射線事故の際の調査には、大きく分けて三つの方法があるんです。

まずは飛行機やヘリコプターを使って上空から測定する方法です。これによって汚染の範囲と、飛散した放射性物質の総量を推計することができる。チェルノブイリの事故のとき、ソ連政府もいち早く飛行機を飛ばしてサーベイした。福島の事故でも、アメリカが福島上空で無人飛行機を飛ばしています。しかし日本にはそういう準備ができていなかった。

もう一つは車などを使った地上からの調査です。上空からの調査よりもより細かく、放射性核種まで含めて測定することができます。

そして三つ目が線量計を片手に持った徒歩での調査です。そこで生活する人の目線に立った調査ですから、車などで測るより、より緻密な調査ができます。建物の中と外も別個に測らないといけません。

ところが今回の原発事故で国民に伝えられた放射能による汚染情報は、まばらに設置されたモニタリングポストで検出した空間線量だけでした。これでは十分な情報とは言えません。

放射能汚染というのは、非常にローカルな事象なんです。事故の発生源から遠ざかって避難したつもりになっていても、実は線量の高い地域に移動していたということもありうる。実際にＥＴＶ特集の取材班が調べてみると、浪江町赤宇木地区などがそういう場所でした。

だから、車や徒歩で細かく測定器でデータを集め、それを見て避難すべきかどうか、避難するなら避難場所をどこにするのかを判断しなければならないんですね。しかし行政はそれができず、十把一絡げで二〇キロメートルとか三〇キロメートルという具合に避難指示区域を決めてしまった。本当は専門家を動員しローカルに調べて、「ここはいい、ここはいけない」と決めていかなければならなかったのです。

ETV特集の取材班が行った調査は、まさにそれに代わるものだったと言えます。七沢さんらNHKのスタッフも木村さんも、非常に精力的に動いていました。

私が福島に調査に入って驚いたのは、思っていた以上に高い線量を示す場所があるということでした。現在のチェルノブイリと比べて線量の高い地点が点在していることがわかりました。

また風向きや地形、事故後に降った雨や雪の影響で、きわめていびつな形で高濃度汚染地帯が広がっていることもわかってきました。これらは、ETV特集の放送で、はじめて明確に報じられ、大きな反響を呼びました。

また私が持ち込んだ測定器は、ビデオで撮った画像の中に、その場所の線量、放射線スペクトル、位置情報が記録できるものでしたから、テレビで放送すると、かなりインパクトがあったようです。

かつて私が七沢さんらとチェルノブイリに調査に行ったときには、まだGPSが普及していませんでしたから、放射線のデータと映像は別々に記録し、それを後ですりあわせるという方法で行いました。そのときの測定器も、理研時代に私が中心になって製作したものです。

さらに一九五四年にアメリカがビキニ環礁で行った水爆実験による放射能汚染の調査にも私は参加しています。そのときに調査船に積み込んだのは重さ二〇〇キロほど、電源も一キロワットはあろうかという巨大なものでした。これも自作の装置です。真空管式で、映像は記録できませんでした。「映像とデータをセットで記録できれば」というアイデアは当時からあったのですが、ビデオカメラや記録媒体などの装置が当時はまだ十分に発達していませんでしたから。ただし、原型はここにあります。それ以降はこの装置をどう小型化し、どう充実させていくかの過程でした。

なぜ私がこういう装置を自作できたかというと、当時の理研にそういう風土があったからです。理研には工作室があり、研究者が使う装置は自前で作ることが当たり前でした。

私が理研に入所したのは敗戦後まもなくのことです。当時の理研は稼ぐためにペニシリンをつくっていました。戦時中まで行っていた飛行機や原子核の研究は、兵器製造に繋がるからと禁じられていた時代です。

しかしそういう時代の中でも、「放射性同位体（アイソトープ）を利用した医学、農学、工学の研究をしたい」と考えたのが理研（当時の名称は株式会社・科学研究所）の社長だった仁科芳雄先生です。仁科先生が外国に手紙を書いたりして、なんとか理研はアイソトープを入手できるようになり、放射線の研究が始まるようになります。

でもアイソトープを利用するためには測定器がいる。そこでガイガーカウンターやシンチレーターも研究所の工作室を利用し自分たちで作ったのです。だからそのころの研究者は、化学もやれば建築屋もやれば土建屋もやれば、エレクトロニクスの測定器屋もやれた。必要があれば旋盤でネジも切る。そういう生活が身についていました。

海外の研究所ではいまでもそういうところがありますが、日本ではもうありません。必要な機器はメーカーに発注して済ませてしまう。そういう風潮が、ひ弱な研究者が増えた原因のような気がしますね。

大分年を取りましたが、少し前までやっていたように、バイクの後部シートに計測器を取り付けて走り回り、活断層の調査をするくらいの体力は残っています。いまでも「後進のめんどうをみなきゃいけない」という気持ちはあります。

いまの世の中の放射線の測定方法には、私から見れば不十分に思えるところがたくさんある。だから頼まれれば、今回のようにいつでも力を貸したい。そういう思いはいまも持っています。

第五章

飯舘村
大地を奪われた人々

石原大史

汚染されたのは故郷だった

事故から一五日が経過した三月二六日。渋谷の放送センターを出発した私たちは、福島へ向かって東北自動車道を北上していた。数日前の打ち合わせで、私たちのミッションは「三〇キロメートル圏外で何が起きているのか」ルポルタージュすることと決まっていた。同行するクルーはカメラマンの服部康夫、ドライバーの丹野進、それにディレクターの私の三人。危険を伴う取材になる可能性があったため、音声マンは同行させなかった。

東北自動車道は、数日前まで続いていた車両規制が解かれたものの、明らかにいつもと様子が違っていた。東京から東北へ向かう車両は数が少なく、道路は思いのほかすいていた。見かける車両もほとんどが、被災地へ派遣される自衛隊や、支援物資を満載したボランティアのトラックだった。

私は福島県中通りの南端、白河市出身である。東北自動車道は故郷へ通じる道であった。宇都宮を抜けたあたりから、奥羽山脈のふもとに冬枯れの田園地帯が続いて行く。猛スピードで走る車窓を流れてゆく景色がいつもとは違って見えた。

私は、暗澹たる思いでいっぱいだった。

さかのぼること一五日前の三月一一日。地震発生直後に、福島県も相当な揺れに襲われたことが速報で伝えられた。当時、別番組の編集中だった私は、仕事が手に付かず福島に暮らす父母に連絡を取ろうと電話をかけ続けた。電話はまったくつながらず、メールで連絡が取れたのは当日の午後六時ごろだった。実家は大きな揺れに襲われ、家屋は大きく傾いたものの、父母、祖母ともに無事であった。

翌一二日、福島第一原発一号機の爆発。テレビに映し出された爆発の映像を見た瞬間、大きな虚脱感に襲われた。「とりかえしのつかないことがおきた」直感的にそう思った。汚染の蔓延、健康被害の発生、巨大な核のゴミとなった原発の処理……。

向こう数十年、あるいは数百年は続くであろう厄災。そんなイメージが頭を駆け巡った。原発事故は私にとってまったく他人ごとではなかった。故郷である福島はあの瞬間、私にとっては何か違ったものに変わってしまった。この夜、古い福島の友人から電話があった。

今となっては何を話したのか覚えていない。ただ彼は泣いていた。私も泣いた。

「とりかえしのつかないことがおきた」その直感だけを共有していた。

東京を発って三時間。東北自動車道を北上し那須連峰が見えてくる。いよいよ福島は目と鼻の先となっていた。東京を出発してから、福島に近づくにつれ、線量計がしめす放射線量は如実にあがっていっていた。東京下谷では毎時〇・一六マイクロシーベルト、上河内ＳＡでは毎時〇・二マイクロシーベルト。福島入りを前に、準備に立ち寄った那須高原ＳＡでは毎時〇・八六マイクロシーベルトを示していた。私たちロケクルー三人は皆、緊張していた。福島に入るにあたって、私たちは木村真三先生から放射線防護の基礎知識の講習を受けていた。活性炭入りの防塵マスクやタイベックススーツの代用品としてゴムの雨合羽など防護グッズをそろえ、スタッフを守る一応の準備は整えていたつもりだった。しかし、私たちの誰一人、チェルノブイリなど放射能汚染地帯の取材を直接経験したことはなかった。たまたま私は三年前まで、長崎放送局に赴任していた。原爆被ばく者の取材経験から、放射能の恐ろしさやその残した傷についてはそれなりの知識があった。しかし、それはあくまで知識にすぎなかった。まさか自分が当事者としてその放射能と向き合うことになるとは、考えていなかった。しかも、わが故郷、福島でとは……。

ホットスポット、飯舘村へ

福島に入った私たちは、一路、福島第一原発から北西に三〇~五〇キロメートルの距離に位置する飯舘村へ向かった。福島市から国道一一四号線を東に向かう。国道一一四号線は福島市を出て阿武隈山系を東西に貫き、浪江町までいたる幹線道路だ。

このとき、私たちが飯舘村に向かったのはほとんど偶然だった。当時を振り返ると、このころの私たちは飯舘村について何も知らなかったといっていい。すでに、文部科学省などの発表によって、飯舘村で高い放射能が検出されていることだけはわかっていた。報道発表では、三月二一日、水道水から放射性ヨウ素検出、同二三日、土壌から放射性セシウム検出。さらに二四日には、住民の緊急避難に使うためのＳＰＥＥＤＩ（緊急時迅速放射能影響予測ネットワークシステム）が汚染予想地図を公表していた。予想地図は、飯舘村を含む原発から北西方向に高濃度の汚染地帯が広がっていることを示していた。しかし、次々と公表される汚染情報を目にしても、現地で何が起こっているのかはいっこうにわからなかった。汚染にさらされた人々はどんな問題に直面し、何を感じているのか、ともかく自分たちで確かめてみよう。最初の動機はその程度だった。

阿武隈山系に分け入る峠道を越えて行くこと一時間、山がちだった地形が一変し、急に土地が開けたように感じた。そこが飯舘村だった。飯舘村は標高二二〇～六〇〇メートル、阿武隈山系の北部高原丘陵に位置する。周辺の自治体と比べて耕作面積が大きく、およそ六〇〇〇人の人口のうち七割が農業に従事するという農耕地帯だった。村に入った直後、念のため線量計を確認すると毎時八・五マイクロシーベルトを示していた。これまでの数値とケタが違う。この数値は野外にそのまま居続ければ一般人の年間被ばく限度量をわずか五日で超過してしまう値である。覚悟はしていたものの、目に見えず、においもしない放射能が、すぐそこに大量に存在するという実感に、心が凍った。服部カメラマンが車窓から風景を撮影しながら思わずつぶやいた。「人がいないね……」そう、飯舘村に入ってから、野外に人影がまったくないのだ。まもなく春を迎えるこの季節は、本来ならば、田植えに向けて田おこしや苗の準備の作業に農家が取り掛かっているはずだった。しかし……。

「自治体消滅の危機」

ともかく村の人たちに話を聞きたいと、私たちは村の中央にある役場へ向かった。役場に到着したのは一七時近く。近代的な建築の村役場は、一部瓦が落ちてはいたものの、建物に大きな損傷は見られず、地震の影響がごくわずかであったことが見て取れた。

しかし、役場の正面玄関の前には、ペットボトルに詰められたミネラルウォーターが山積みになっていた。国内産だけでは間に合わなかったのか、ふだんは見慣れない中国や韓国産のペットボトルも積まれていた。

村役場は予想に反して閑散としていた。土曜の夕方という時間帯もあったかもしれない。しかし、汚染情報が次々と明らかになっていたにもかかわらず、そう大きな混乱を感じないのが意外だった。役場二階の大会議場が災害対策本部になっており、一〇名程度の職員が詰めていた。住民からの問い合わせの電話だろうか、シーベルトやベクレルなどの用語が飛び交っている。話を聞くと、ちょうど水道水汚染に伴う混乱が落ち着き、一息ついたところだという。村役場はこの前日まで、水道水の汚染の発表を受け、全職員、不眠不休の態勢で住民の飲料水を確保、配布していた。汚染が発覚した直後はマスコミが大挙して訪れたそうだが、その後、更なる汚染が発覚するにつれ多くのマスコミは村を去っていったという。そんなこととはつゆ知らず、ニュース的なタイミングとずれてやってきた私たちは、おそらくこっけいに見えたのだろう。「何を取材しても良い」と奇妙な歓迎をうけた。

たまたま、対策本部に居合わせた菅野《かんの》典雄村長に話を聞くことができた。菅野村長は四期一五年にわたって飯舘村を率いてきた。平成の大合併に参加せず「自主・自立」の村作りを続けてきたという。菅野村長の手元には、大気や水、土壌の汚染データをまとめた資料が置かれていた。しかし、こうしたデータが何を意味し、どの程度の危険を表すのか、国や東京電力から明確な説明を受けていなかった。菅野村長は開口一番、これからの不安と国の対応の不備を訴えた。

「今大きな課題は土壌がたいへん汚染されていると。まもなく植え付けをやんなきゃいけない時期でありますから。はたして植えていいのか、うなっていいのか（うなう＝畝を作る）。だからといって、判断に値するものは何ももらっていないと。後は、ここに住めるのかどうかということまであるわけですよね。子どもは大丈夫なのか。孫は大丈夫なのか。産んでいいのか悪いのか。そこまで考えていかなきゃならない事案。それに対するある程度の方向性を出せればよいんですが。私らには何ら知識もないし情報も流れてこない。（国は）ただただ高い濃度ですよって言いっぱなしですね」

菅野村長は今起きている事態を「自治体消滅の危機」と表現した。事実この時、飯舘村は大きな岐路に立たされていた。事故後一週間ほどで、徐々に高い汚染が明らかになると、村の人口約六〇〇〇人のうち約半数が、村外へと自主避難していった。一方、原発から三〇キロメートル以上離れていたことから飯舘村は、国から特別な避難指示などはいっさい出されていなかった。むしろ国は「ただちに健康に影響はない」とマスコミを通じて盛んにアナウンスし続けていた。結果、避難生活への疲れや子どもの学校の再開を期待するなどの理由で、村人たちは続々と村へ帰還していた。この時ですでに人口は四〇〇〇人余りに回復、村はなんとか正常化へ向けて舵を切れないかと模索を始めていた。

「(住民の帰還は)私は涙が出るくらい嬉しい、半分は。やっぱり飯舘村民だな、ここでもっともっと暮らしていきたいんだなって。本当にありがたいと思っています。ただ一方で、これからどうなっていくのかという心配が当然責任者としてあるわけですから。その不安とありがたい気持ちと、まさに胸の中でごっちゃにしながら、方向性を見いだしていかなきゃいけない」

「津波(の被害)もすごいです。私も何度知り合いの死亡を聞いて涙流したかわかりません。でも、一生懸命泣いて泣いて泣いたあかつきには、がんばろうっていう復興の兆しが見えてくるんですよ。こちら(原発事故)は見えてこないんです。見えてこないじゃないですか」

「どん底」の「底」がどこにあるのかわからない。放射能汚染が村の産業や人々の健康、そして未来の選択にどこまで影響を与えるのかまったく先が見えないのだ。混乱の渦中にある現在でさえ、これ以上の「どん底」が待ち構えているかもしれないという菅野村長の言葉に、目に見えぬ放射能の罪深さを感じた。村を正常に戻せるのか、自治体の存続をかけての見えない放射能との戦いが始まっていた。

「私は五代目の村長です。先代の皆さんはもう生きていないんです。生きているのは私だけで。だけども、戦後何にもないところから私らの知ることのできない苦労をしてこの村をつくってきてくれたわけですからね。だから、絶対、ここで負けないで次の世代にバトンタッチしていく。そのとき四〇年五〇年後に、『こうやって先輩たちがやってきたんだからまた難局が来たけどがんばろうや』って形になっていかないといけないから。負けられないよっていう話をしているんだけど……」

適切な判断を下すに足る情報と知識を与えられない中、それでも村の舵取りは行わなければならない。小柄な菅野村長の両肩には引き受けようもない責任が、背負わされているように見えた。

運命の皮肉

インタビューを終え村役場を辞する際、菅野村長から「ぜひ読んでほしい」と一冊のパンフレットを手渡された。そこには、村づくりにかけた菅野村長の信念が綴られていた。

「村づくりとは単に所得・人口の増加をねらった『ミニ東京』を目指すのではなく、真に自分たちの力で、豊かな暮らしと地域社会を築き上げるというのが、本当の〝村づくり〟である。豊かさの尺度は、外から与えられるものではなく自分自身の中にある」

私は運命の皮肉を感じないわけにいかなかった。飯舘村は、原発立地による恩恵を受けることはほとんどなかった。むしろ、村が目指していたのは、原発が象徴するような大量生産と大量消費、大量廃棄を繰り返す現代社会とは真逆の方向だったと言っていい。菅野村長は自らの村作りを「真手＝までぃライフ」という方言を交えた標語で語っていた。「までい」とは、この地方独特の方言で「手間暇をかけて」「まめに、こまやかに」などの意味で用いられる。豊かな自然の中でゆっくりと流れる時間、村落共同体の人々のつながり、草花や動物を愛する心……。村が大切にしようとしていたのは、こうしたすでに村に存在していた豊かさなのだった。

なぜ、よりによってこの村に放射能が降り注いだのか。後になってわかることなのだが、運命の引き金を引いたのは、偶然の気象条件だった。飯舘村に福島県によって放射能を測定するモニタリングポストが設置されたのは三月一四日だった。翌一五日に二号機と四号機が相次いで爆発。このころ、それまで原発の南へと吹いていた風向きが北西へと変わった。爆発によって環境に放出された大量の放射性物質は阿武隈山系の谷間を縫うようにして飯舘村を襲った。そして、村に達した放射性物質は雨や雪に捕捉され、地表へと落ちていったのだった。

福島県が公表したデータによれば三月一五日の一八時二〇分、飯舘村役場前のモニタリングポストは毎時四四・七マイクロシーベルトを記録。これは通常値の七〇〇倍を超える値だった。さらに村の南部、長泥《ながどろ》地区に国が設置したモニタリングポストは、三月一七日一四時一七分に最高値毎時九五・一マイクロシーベルトを記録した。この値は、ホームページで公開されていたとはいえ、測定地の詳しい住所は伏せられたうえ、住民に直接伝えられることはなかった。また、その危険性を積極的に指摘するメディアも皆無だった。このころ、飯舘村には南相馬市など沿岸部から津波被害を逃れた避難民が大挙して押し寄せていた。村は急遽、避難所を開設。村人たちはボランティアで避難民の誘導や炊き出しなど、野外活動を続けていた。村は「飯舘村は震災復興の最前線となる」。

地震や津波の影響がほとんどなかった飯舘村の人たちは、使命感に燃えていたという。まさにその最中、村人たちの頭上に放射能は降り注いでいたのである。

描くべきものは何か

村役場を辞した私たちは、このころ、取材拠点としていた三春町の宿へと道を急いでいた。すでに日は落ち、対向車もほとんどない中、暗闇をひたすら走った。

わずか半日の取材だったが、前代未聞の事態が進行していることを菅野村長の話から骨身に感じた。これから村と村人がどうなってゆくのか、飯舘村に腰を据えた定点取材が必要だと感じていた。しかし、事の大きさに、具体的に何をどのように取材するべきなのか、答えは簡単に見つかりそうにもなかった。ただ一つ、確信していたことはあった。

それは原発事故によって「何ものかが奪われた」という感覚だった。これは事故直後に感じていた「とりかえしのつかないことが起きた」という感覚から派生したものだった。福島は事故によって後戻りできない一線を越えてしまったのではないか。一線を越えた世界では、それまでの世界から何かが奪われ、また奪われつつあるのではないか。「奪われ、奪われつつあるもの」という考えが頭から離れなかった。

宿についた時は二二時を過ぎていた。私たちは宿に着いたら真っ先にしなければならないことがあった。それは風呂にはいることであった。福島行きの前、木村真三さんから教わった放射線防護法の一つである。汚染地帯にはいることで最も恐れなければいけないことの一つが、放射性物質を体内に取り込んでしまうことで起きる内部被ばくだった。放射性物質は、衣服や靴、皮膚などに付着し、そのまま屋内に持ち込むと知らず知らずに拡散し、体内に取り込む恐れがある。私たちは宿に着くなり、合羽やゴム長をていねいに水で洗い、そのまま大浴場へと直行した。頭皮や手足をいつも以上に入念に洗った。

　スタッフ各人に配布した積算線量計のチェックも欠かせない日課だった。積算線量計は、各人がどれくらい被ばくしているのか、積み重なった被ばく量を計測するために使用する。この日一日で、私たちは八～一五マイクロシーベルト被ばくした。スタッフの中で最も被ばくしたのは丹野進ドライバーだった。丹野ドライバーは私たちが村役場庁舎内で取材している間、外の駐車場にロケバスを止め、車内で待機していた。庁舎内にいた私たちは、分厚い鉄筋コンクリートの壁によって遮蔽されたことで、被ばく量は大幅に軽減された。一方、丹野ドライバーは車内に待機していたものの、車のボディはコンクリートほどの遮蔽効果はなく、その分、私たちより多く放射線を浴びてしまったのだ。予想外の被ばくに、私は責任を感じていた。丹野ドライバーは「家族も被ばくしてますから、その量までは自分は気にしないですよ」と話してくれた。丹野ドライバーもまた、福島県出身だった。

　実は、福島行きが決まった後、ロケバスの手配は難航した。多くのロケバス会社が、行き先が福島であるというだけで仕事を断った。そこで私は、以前に何度か仕事をしたことがある丹野ドライバーに相談した。彼が福島出身であるという甘えがあったのかもしれない。丹野ドライバーは二つ返事で福島行きをＯＫしてくれた。丹野ドライバーは福島市で生まれ育ち、家族や友人が福島市近郊に多数暮らしていた。その福島市もこのころすでに高い汚染が検出されていた。「何が起こっているのか自分の目で確かめたい」そんな思いを語ってくれた。福島の地理に精通し、土地勘もある丹野ドライバーの参加によって、私たちのロケは大きな力を得ることになった。

一方、服部康夫カメラマンは岡山県出身。今回の取材まで、福島との関係はそう深くはなかったという。服部カメラマンは、これまでＮＨＫのドキュメンタリーをけん引してきた実力と実績を兼ね備えたベテランカメラマンだ。私とは、事故直近まで別の番組で半年近くロケを行っていた。福島行きが決まったのち、服部カメラマンに真っ先に相談した。そのころ、服部カメラマンはカメラマングループの全体の差配に奔走していた。どのカメラマンをどの現場へ行かせるのか、安全確保の手段をどうするかなど、指令系統の構築だけでも大変な仕事だった。事故直後は数十チームのロケクルーが被災地へ飛んでいた。しかし、福島の汚染地帯へ取材に行くカメラマンは、このころまだいなかった。

「汚染地帯へ行く。当然、多少なりとも被ばくの可能性がある」。私からの相談を受けたとき、服部カメラマンは「考えてみる」と即答しなかった。服部カメラマンを躊躇させたのは、放射能の恐ろしさだけではなかった。グループ全体の運営にかかわる服部カメラマンは、他のカメラマンへの影響も考えなければならなかった。安全確保に不安が残るロケに、自分が率先して参加することはできないと考えても当然だった。私は、カメラマンを同行させず、自分でデジタルカメラを回してのロケも覚悟していた。しかし、相談後すぐ、服部カメラマンから連絡があった。

「やっぱり俺が行くわ」。その間、カメラマングループの中でどんなやり取りがあったかは私は知らない。ただ後に、なぜ福島行きを決断したのか、服部カメラマンに聞いてみたことがある。彼の答えは単純だった。「石原一人で行かせるわけにいかないだろ……」。

今中調査団来訪

初日の取材以降、私たちの飯舘通いが始まった。朝六時過ぎに宿を発ち、連日村役場で開かれるさまざまな会議を傍聴した。会議の名も出席者もさまざまだったが、すべての会議の行きつくテーマは、「汚染に直面し、これからどうするか」だった。しかし、村が持つデータは、報道されている以上のものは何もなかった。議論をするにもその基礎となるデータ、そしてそのデータを解析する専門家がいなかった。

特に紛糾していたのが、田植えの時期が迫っていた稲作についての問題だった。村の数ヵ所の土壌から高濃度の汚染が検出されていたものの、それが村全域にわたるものなのか、あるいは、検出された汚染値での耕作が可能なのかどうなのか。村は国や県に早急かつより広範囲な調査を求めていたが、まだ実現していなかった。

三月二八日、飯舘村に京都大学と広島大学を中心とした学術調査団が汚染状況の調査に入った。調査を主導するのは京都大学原子炉実験所の今中哲二さん。今中さんは、チェルノブイリ原発事故の現地調査に長年携わり、原発の危険性を訴えてきたことで知られる。調査団は村役場の協力のもと、村内全域の汚染状況をつかむことを目的としていた。役場職員の案内で、村内の主要な道路から一三〇ヵ所もの地点を選び放射線量を測定していった（巻頭カラー図3参照）。線量計測と並行して調査団は村内五ヵ所で土壌のサンプルを採取した。土壌に吸収された放射性物質の種類によっては、汚染が長期化することも懸念されていた。「一四！　一四マイクロシーベルト・パーアワー」。今中さんが線量計を読み上げ、スタッフが地図にその数値を落としていく。今中さんは、事故後、神経痛で痛みだしたという足を引きずっていた。

今中さんと会うのはこの日が初めてではなかった。三月一九日、木村さんらが福島でいち早く採取してきたサンプルの解析を依頼するため、私たちは大阪府熊取町にある京都大学原子炉実験所を訪ねていた。土壌や水、木の葉など、およそ一キロぐらいあっただろうか。持ち込んだ包みに今中さんが線量計を近づけたときだった。ビーッというけたたましいアラーム音が研究室に鳴り響いた。毎時二〇マイクロシーベルトまで計測できる線量計の針が振り切れていた。

「チェルノブイリで採取してきたサンプルでも、ここまで汚染が強いものはなかった」

サンプルはいずれも特別なものではなく、福島県内の通常の生活環境から集めたものだった。今中さんはサンプルのあまりの汚染の強さに衝撃を受けていた。サンプルは、採取地点ごとにより詳しい分析がかけられることになっていた。結果が出るまでには数週間はかかる。しかし、今中さんのショックがあまりにも大きいことを目の当たりにし、私は不安になった。詳細な分析を経ないことには、科学的には何も言えないことはわかっていた。それでも、私は「こうした汚染が蔓延しているということは、福島の人たちにとって何を意味するのですか」と聞かざるを得なかった。今中さんは何かを言おうとしたものの言葉にならず、ただ「これ以上、聞かんといて……」と言ったきり絶句、そのまま椅子に倒れこんだ。

それから約一〇日後、私たちは飯舘村で再会した。飯舘村の汚染の深刻さは、今中さんら調査団の予想を超えていた。特に、村の南部一帯では最高で毎時三〇マイクロシーベルトを計測するなど、線量の高さが村の中でも際立っていた。この南部地区は、大森さんや七沢さんたちが発見したホットスポット、浪江町赤宇木地区と山一つ隔てただけの地点だった。「現実とは思えない」線量を測りながら、今中さんは何度もそうもらした。今中さんにとって、目の前の「現実」はどう映ったのだろうか。長年彼らが訴えてきた原発の危険性への警告は社会に受け入れられず、事故は起きた。

「私は今ここで起きている汚染が、どういうものかをきちんと測定して記録する。そして歴史に残す。これが僕の仕事です」

原子力発電に賛成するにせよ、反対するにせよ、事故直後に汚染地帯へ直接出向いた科学者はほとんどいなかった。今中さんは、起きてしまった大規模汚染という「現実」を前に、せめて、自分の責任を果たそうとしているように思えた。

線量調査と土壌分析の結果は、四月上旬に報告書にまとめられ公表された。一三〇ヵ所で計測した放射線量から汚染マップがつくられた。汚染は村の全域に及んでいた。その強弱には幅があり、北部に比べ浜からの風が直撃する南部一帯がより大きな値を示していた。一方、サンプル採取した土壌からは、採取地点すべてで半減期が三〇年にもおよぶセシウム一三七を検出した。土壊汚染の長期化は農業が盛んな飯舘村にとっては、死活問題だった。

篤農家の嘆き

「あんたらマスコミは無責任だ。汚染がひどいというばかりで、どうすればいいんだ」

四月初め、連日通っていた村役場で突然、話しかけられた。男性は菅野宗夫（六〇歳）と名乗った。村で農業委員を務めているという。農家の取りまとめ役の一人だった。

「あんたがたは東京みたいな安全なところから飯舘村は汚染されていると盛んに言う。だけど俺たちはここで暮らしているんだ」

菅野宗夫さんは、マスコミ報道への不満を次々と私に訴えた。私は、返す言葉がなかった。しどろもどろになりながら、ともかく、何が起きているのか「記録」させてほしいと自分の立場を説明するのがやっとだった。

確かに私たちは何もできなかった。飯舘村が高い汚染にさらされていることはわかったものの、「ただちに健康に影響がない」のも確かだった。その一方で、国や県などから派遣された専門家が繰り返す楽観論にも疑問を持った。かれらは「多少気をつければ」このまま村で生活を継続できると話していた。しかし、事故以前、一般公衆の被ばく限度量は年間一ミリシーベルト＝一〇〇〇マイクロシーベルトと設定されていた。村で暮らしていればあっという間に突破してしまうラインである。取材で訪れているだけの私たちでも、毎日一〇～五〇マイクロシーベルトの被ばくをしていた。異常な事態なのは間違いない。しかし、どの程度危険なのか判断がつかなかった。私たちは、村の人たちに「避難しろ」と言うこともできず、「大丈夫」と言うこともできなかった。唯一できたことといえば、ただ話を聞きそれを「記録」することだけだった。

役場での出会いの後、私は菅野宗夫さんと懇意に話すようになった。初めの剣幕とはうって変わって、親しくなると宗夫さんは村のことを何でも親切に教えてくれた。

私は、農家の現状を撮影したいと考え、クルーとともに菅野宗夫さんの家を訪ねることにした。菅野さんは村の北部、佐須地区に暮らしていた。家の前には美しい小川が流れていた。小川を挟んだ敷地には母屋と納屋、牛舎が並んでいる。宗夫さんと妻の千恵子さん(五九歳)が迎えてくれた。事故以来、一家は農作業どころか外出も控え、家に閉じこもりきりだという。放射能を恐れ、窓の開け閉めにさえ敏感になっていた。

無理を言って、自宅前の農地を案内してもらった。宗夫さんは、九ヘクタールの農地でコメや野菜をつくっていた。田畑はまったく手付かずの状態だった。この間、飯舘村では国や県の調査がなかなか進まない中、今年は農作物の作付けをいっさい行わないことを決めていた。汚染された作物を万が一出荷してしまっては村の農家全体の信用にかかわるというのがその理由だった。

「今はね、種もみを水にひたしている時期なんです。でも何にもできなくて」

千恵子さんが、今年田植えをする予定だった種もみを見せてくれた。種もみは千恵子さんの手の中でさらさらと音を立てていた。「早く芽を出したいって言っているよ」と宗夫さん。千恵子さんは種もみを愛おしそうに掬《すく》いながらつぶやいた。

「つぼみのままだよね、まだ。種もみに罪はないよね、ほんとに種もみに罪なはい」

夫婦にとって田植えができない春を迎えるのは、これが人生で初めてだと言う。

汚染の影響は、稲作だけに限らなかった。

「これです。これ全部。タラの木だから。これに芽が出るとタラの芽になるんです」

自宅前にはタラの芽やふきのとうなどの山菜類が生え、さらにはシイタケを栽培するホダ木などが置かれていた。しかし、そうした山菜類やキノコ類も汚染を恐れ、口にすることはできなくなったという。自宅前の小川を見つめながら、宗夫さんが口を開いた。

「清流だから、ヤマメ、イワナがいるわけよ。四月一日解禁なんだけれども。普通ならけっこう人が来るんだよね。ところが今年は全然来ない」

小川にはヤマメやイワナが生息していた。今時、自宅の目の前でこうした川魚の釣りができる環境がどれだけあるだろうか。例年、そのおこぼれを目当てに集まる釣り客が今年はまったくよりつかない。春を目前とした小川は、やわらかな光を受けてキラキラと輝いていた。里山の自然は見た目にはなにも変わらない。しかし、ここにも放射能は降り注いだのである。

「これがもうダメなんだ」。自宅に戻った菅野宗夫さんが、絞り出すような声で言った。

手元には一冊のパンフレットがあった。それは、都会の消費者向けに村の農産物を売り込むために作ったものだった。農薬の使用を極力減らしてつくったという米や野菜、切り干し大根や凍《し》み豆腐などの加工品が並ぶ。数年前からは、地元の農家仲間とともに都会の消費者への直販やお互いの交流会なども始めていた。キャッチフレーズには《清流で作ったこだわりのエコ農産物》

とあった。

「結局、自然がすべて売り物。自然を買ってもらうという形だな。こういうものが奪われたというか、一瞬にしてなくなってしまった。そういうことだろうな」

千恵子さんが段ボール箱を抱えて持ってきた。

「凍み大根。放射能前にできました。でも売れないんですよ、放射能なんか当たってないんだよ。これが現実なんだよ」

箱の中には事故以来売れなくなったという凍み大根が山のように入っていた。「生活してるんだよ。ここで。出て行かれるなら楽だよ。じゃあどうするの、みんなで守っていかなくっちゃ……」

山間のけっして広くはない農地を家族や地域で守ってきた暮らし。それが根こそぎ奪われようとしていた。

「惨めではないけど悔しい。惨めとは思わない。悔しい」

嗚咽する千恵子さんを前に、私たちはただ頷くことしかできなかった。

奪われた「普通の生活」

四月上旬。飯舘村の汚染の実態が次々と明らかになって以降も、国は、飯舘村に特別な避難地域の指定など指示を出していなかった。「このまま、ここで暮らして本当に大丈夫なのか」。「とはいえ、何の補償もないまま自主避難しても暮らしていけない」。明らかな汚染があるにもかかわらず住民たちは宙づりにされたままだった。「このままでは生殺しだ」。そんな訴えを各地で聞いた。住民の不安は頂点に達しようとしていた。

このころ、村内の若者たちが会合を重ねていると聞き、取材に入った。

集まっていたのは農業後継者や自営業者など、二〇代から三〇代が中心だった。子育て世代でもある彼らにとっては、汚染はより切実な問題だった。放射線は細胞分裂が活発な子どもへ影響が大きいという情報は、広く知られるようになっていた。彼らは、妊婦や子どもだけでも安全な場所に避難させなくてはならないと、行政への働きかけを強めていた。会合に出て驚いたことだが、飯舘村には元気のいい若者がたくさんいた。日本の中間産地ではどこでも後継者不足は深刻な問題だ。しかし、飯舘村では子どもの出生率が全国平均を超えるなど、若者の定着は比較的進んでいた。

菅野慎吾さん（二七歳）はそうした会合で出会った農業後継者の一人だった。長身で茶髪、左耳にはピアスの穴が開いていた。見た目は渋谷や原宿の若者とそう変わりはないが、放射能に関する正確な知識を持っていることが意外だった。

詳しく話を聞かせてほしいと、自宅を訪ねた。慎吾さんの家は、米や葉たばこ、ブロッコリーを中心に栽培する専業農家だった。初めて訪ねたその日、慎吾さんは自宅前のビニールハウスで母の徳子さん（五五歳）とともに作業に没頭していた。プランターに芽を出したばかりの若葉をむしり取っている。何をしているのか理解できず思わず聞いた。「これはなんの作業してるんですか」。徳子さんが力なく答えた。「葉たばこの苗。捨てちゃうんです……。これで生活しているのに、これからどうやって暮らしていいのかわからない」。今年植える予定だった苗を廃棄する作業だった。苗をむしり取り、プランターの土と分離させる。締め切ったハウスの中にあったプランターの土は放射能の影響が少ない。いまや貴重となったその土は、何かに使えるのではないかと保存するという。「原発が収束してくれればどうにかなるだろうけど」と徳子さんがつぶやく。慎吾さんが徳子さんを制するように言葉を足した。

「でももう、現に土汚れてるから無理だって。ここで作物つくっても。自分で住むのでさえ不安なところで、安心安全（な作物を）届けられないですよね」

慎吾さんは、幼い子どもと妻をいち早く、村外の妻の実家に避難させていた。長男は一歳半になったばかりだ。妻と息子がいた部屋には、子どものおもちゃが散乱していた。原発が爆発した直後に避難を決断、それ以来、妻と息子は一度もここに帰らせていなかった。素早い判断を下した理由を聞いたとき、慎吾さんは意外なものを見せてくれた。それは、福島第一原子力発電所の「入構証」だった。実は慎吾さんは、事故が起きる直前まで、第一原発で働いていたという。飯舘村の冬は厳しく農作業はほとんどできない。そのため、冬季だけのアルバイトとして、この冬から働きだしていたのだ。原発では、労働者になるにあたって、放射線の危険性を詳しく教育された。被ばくの管理も厳しく、一日どれくらい被ばくしたのかは毎日チェックし記録に残していたという。しかし、事故以来、そうした原発の中でさえ、当たり前だった原則が通用しなくなった。あれだけ危険だと言われた放射能が自分の暮らしている空間に蔓延している。にもかかわらず、「ただちに健康に影響がない」とだけ繰り返される。ルールはいつの間にか変えられていたのだ。

「もうその辺、ここから見えるのは全部うちの農地です。あと、あっちにもあるんです。遠くにけっこう大きい畑があるんですけど。ここから二〇キロくらい離れたところ。そこはもうものすごい汚染なんですよ」

慎吾さんの部屋からは、何代にもわたって少しずつ開墾してきたという田畑が見渡せた。この農地でいつ農業が再開できるのか何のめども立っていなかった。それでも彼らは、この時点では「被災者」としてさえ認められていなかった。「実際に被災しているわけじゃないですか。全部失って。ただ悔しいだけですよね」。慎吾さんは、故郷で家業を継ごうと決心し都会から村に帰ってきたのだった。結婚し子どもも生まれ、順風満帆のはずだった。奪われたものは何なのか、慎吾さんの言葉で語ってもらおうとカメラを回した。「普通にここで農業やって、子どもを育てて、子ども幼稚園に入れて、小学校入れて。普通の環境で……」。慎吾さんはこれ以上の言葉を言えないとばかり嗚咽し始めた。しかし、一分あまりの沈黙の後「それが全部なくなったってはっきりわかる状況なんです」と言い切った。放射能が奪ったのは人々の暮らしだけではなかった。この土地で生きるという夢さえも奪ってしまったのである。

飯舘取材のその後

慎吾さんの取材からまもなくのことだった。四月一一日、政府は飯舘村など原発の北西部一帯を「計画的避難区域」に設定した。「計画的避難区域」とは、このままこの土地で暮らし続ければ年間二〇ミリシーベルトを超える被ばくが生じる地域とされた。政府は、一ヵ月をめどに全村避難を飯舘村に要請した。それまで「被災者」と認められず「安全」だと言われ続けた住民に、怒りと不安、それにほんの少しの安堵感がごちゃ混ぜになったような複雑な感情が広がった。事故から一ヵ月、ともかくの方向性は決まった。しかし、本質的には何も解決してはいなかった。補償の問題、コミュニティーの崩壊、将来の健康被害の恐れ、そして汚染された土壌の回復……。私たちは、『ネットワークでつくる放射能汚染地図』の番組が放送された後も、飯舘村の取材を続け、その取材の一部は七月にNHKスペシャル『飯舘村　～人間と放射能の記録～』として放送された。当たり前のことだが、番組が終わっても人々の生活は終わらない。私たちは現在も、飯舘村に通い続けている。

最後に、その後の取材から、一つだけエピソードを紹介して筆を措きたい。

六月下旬。私たちは福島県の沿岸部いわき市へと車を走らせていた。海岸線の近くはいまだ、がれきが散乱し津波の被害が生々しい。いわき市を訪ねた目的は、菅野慎吾さんに会うことだった。慎吾さんの一家は、飯舘村が計画的避難区域に設定された後、祖父母、母親、慎吾さんと妻子に三分割され、それぞれ別の避難先へ移った。さらに、このころ、慎吾さんは新たに仕事を見つけたため、単身いわき市の宿に寝泊まりする生活を始めていた。

農業を当分諦めた慎吾さんが就いた仕事は、東京電力の下請け会社だった。原発から二〇キロメートルの距離にある火力発電所で機械工事などを行っているという。原発から二〇キロメートルという距離は、一般の人間の立ち入りが許されたギリギリの距離だった。

早朝六時三〇分、宿を出てきた慎吾さんは濃緑色のつなぎで身を固めていた。ヘルメットや工具などを自家用車に積み出勤する。原発は安定へと向かっているとはいえ、飯舘村より原発に近づいた地域での暮らしの再開。まして、東京電力は慎吾さんにとっては「加害企業」でもある。車に同乗し率直な思いを聞かせてもらった。

「まさか俺の人生、電気にこんなに振り回されるとは思ってもみなかったですけどね……」

慎吾さんは自嘲気味に笑った。

「やっぱり言いづらいですよね。東電の発電所で働いているって飯舘村の人たちには言いづらいけど。他の仕事あるかっていったら、そう見つからないですよね」

住む場所を奪われ、農業を奪われ、地元で子どもを育てるという夢を奪われ、被ばくによる将来の健康不安まで抱えさせられた。それでも、生きていかないわけにはいかない。割り切れない矛盾に引き裂かれた現実が、ここにはあった。

車はいわき市から北上、発電所の巨大な煙突が視界に入ってくる。いよいよ原発二〇キロメートル圏の境界へと近づいたときだった。にわかに小型のバンやマイクロバスなどで車道が混み始めた。「うわうわ、いっぱい。原発で働いているんですよ」見れば慎吾さんと同じような作業着の男たちが車の中にあふれていた。慎吾さんによれば、彼らは、二〇キロメートル圏外から原発へと毎日シャトル便で送られてゆく原発労働者だという。

「いっぱい、いますよ。俺みたいな人。しょうがないですよね。家族養っていかなきゃいけない。そういう人いっぱいいますよ」

車を降りた私たちは、慎吾さんが二〇キロメートル圏境界へと走り去っていく様子を撮影した。

慎吾さんの車を見送った後も、続々と新たな車が同じ方向へと走り去っていった。

第六章

子どもたちが危ない

福島市・校庭汚染と不安

梅原勇樹

三〇万人都市へ

震災が起きた日、僕は独裁政権が崩壊したエジプトへ取材に入ろうと、職場で準備を進めていた。長い揺れがおさまったテレビに映し出された東北の様子を、同僚たちと、呆然と見守ったことを思い出す。隣の机の石原ディレクターは福島出身で、必死に家族と連絡をとろうと電話にかじりつく、その物音だけが響いていた。

今は、エジプトではない。被災地の取材に入りたい。そう考えていると、大森チーフディレクターに声をかけられた。汚染調査を準備している七沢たちに代わり、玄侑宗久さんと吉岡忍さんの対談番組を制作してほしいという。四年前、大森のもとで番組取材を経験して以来、ぐっと背骨の入ったその人間性を信頼していた僕は、一も二もなく引き受けた。不安があったとすれば、それは、自分自身だった。拡大し続ける未曾有の災害にどこか現実感がなく、何をどう伝えるのか、整理がつかないまま福島に向かう車に乗った。今ごろはエジプトのはずが福島か、暑いところから寒いとこやな、とぼうっと考えていた。

僕は大阪出身で、阪神・淡路大震災を経験した。しかし、吉岡さんと共に福島に入り、人影のなくなった奇妙に明るい町を歩いたとき、これは阪神・淡路大震災とは違う、日本人にとって初めての災害なのだ、ということを痛感した。震災の爪痕が刻まれた大地に、放射能が降り積もる。その姿形は見えない。どのように対処すべきか、情報がない。水や食べ物は安全なのか。そもそも、いまここにいることは危なくないのか。見たことも聞いたこともない現場で、背中がガチガチに強張った。

少しずつ、取材に形を与えていってくれたのが、当地に暮らしていた玄侑さんであり、震災直後から東北に入っていた吉岡さんだった。玄侑さんは「風」だと言った。春を告げる東からの風が、原発からの放射能を運ぶ。その風に吹かれて、多くの福島の人々が被害を受けている。玄侑さんは、海外の調査データまで入手して、放射能と闘おうとしていた。「現実自体がメルトダウンしている」。吉岡さんは、そう表現した。誰も経験したことのない事態が連鎖的に起き、何をどうしていいか分からない。そのまま、現実はどんどん悪化していく。震災一ヵ月の時点で放送した二人の対談番組は、撮影してきたものを「ちぎって投げる」ような番組となった。番組制作の根幹を支えた、編集マンたちの言葉である。撮影素材から、我々取材者が何をなすべきか、一目で見抜いた言葉だった。未曾有の災害が起きたいま、何が必要なのか。それは、原発災害の地で何が起きているか、「知る」ことだった。

四月の放送は貴重な経験となり、知識となった。いま、日本で何が起きているのか、伝えなければいけない。記録しなければいけない。少しずつ現実が皮膚に落ちていき、むくりと強い気持ちが生まれたときに、放射能汚染地図をつくる、という番組に参加することになった。

東北新幹線は、猛烈に混雑していた。

四月一九日。福島へ、本当はロケ車両で入りたかった。しかし、いくつかの会社に電話で頼んだところ、原発災害の地・福島へ取材に出ることを遠まわしに断られた。一つだけ、途中からの合流なら、人も車も手配できるという連絡を受けた。とてもありがたく、その車を当てにしてまずは一刻も早く現地に入ろうと、カメラマン、音声マンと共に、東北新幹線に乗った。一週間前に、福島駅まで運転を再開したばかりだった。

通常ならば、新幹線の車内で大荷物の機材を抱えたテレビクルーは肩身が狭い。しかし、震災から一ヵ月の東北に入ろうとする人のほとんどが、支援物資だろうか、大きなリュックやカバンを抱えていて、息をするのも苦しいような混雑にわれわれも紛れていた。音声マンの佐藤健康は快活な人柄なのだが、時折何かを考え込むように、足元のロケ機材をじっと見ている。福島県郡山市の出身で、震災後、福島のロケを経験していた。しかし、故郷の郡山にはまだ入っておらず、どうなっているのか心配だと言う。周囲の乗客も、揺れに体を任せながら、ぼうっと中空を見たり、窓の外を見やったり。

原発事故の後、福島でいったい何が起きているのか、現実をきちんと把握している人が、この車内にどれだけいるのか。かく言う我々も、「都市部」という取材担当が決まっているだけで、ロケ先も番組構成もまったく白紙のまま、福島市を目指している。幸い、井上衛《まもる》カメラマンは、一五年前にチェルノブイリ原発事故の取材をした経験があり、放射能に関する知識があった。佐藤音声マンは、土地勘がある。クルーに助けてもらいながら、起きていることをそのままに取材しよう。そう心に決めた。

福島市は、しとしとと雨が降っていた。灰色の雲が重く垂れ込め、放射能が目に見えるわけではないのだが、どうしても、暗い街に見えてしまう。刻一刻と健康をむしばまれているような不安が、心のどこかでぬぐえない。

あらかじめ連絡していた現地のワゴンタクシーに乗り込み、市内の様子を見て回る。「びっくりするほど人気《ひとけ》がない」。佐藤音声マンが、ふだんとの違いを教えてくれる。井上カメラマンが、雨の中、下校する子どもたちを見つけて撮影を始めた。しょぼしょぼと雨に濡れる子どもたちを見ながら、学校はどうなっているのだろうと思い立った。

車を走らせると、校庭が桜に囲まれた学校を見つけた。雨に打たれた桜は、どこか元気がない。報道の腕章をつけ、学校に取材をお願いする。すぐに教頭先生が応対してくれて、震災で校舎の一つが使えなくなったことや、子どもたちの健康が心配であることを話してくれる。しかし、撮影をお願いすると、丁重に断られた。逆に、「なぜこの学校に取材に来たのですか」と不安気に尋ねられた。「車で走っていて、桜がきれいな学校を見つけたので」。正直にそう答えると、ほっとしたような笑顔を見せた。

それは放射能の不安と戦う緊張がはっと立ち上がるような、複雑な表情だった。目には見えないが、放射能は確かに存在する。その中で暮らしている自分たちは、いま、どの程度の危険にさらされているのか。知りたい反面、現実を突きつけられるのも怖い。さまざまな、言葉にならない複雑な思いが、ふっとにじみ出た気がした。

いままで経験したことがないような、難しいロケになる、そう直感した。

「笑い声がないもんね、静かな町になっちゃった」

福島市の中心部にある新浜公園で、二人の男性が休憩していた。例年なら花見客でいっぱいの公園なんだけどね、と周囲を指し示す。六〇歳と六五歳の二人は、ミニバイクに乗って水道の検針にまわっていると言う。

「やっぱり原発のね、数値っていうかね、そういう報道が気になりますよ」

「原発がなければね、地震・津波で大変ですけど、原発がなければなんとか復興もできるんでしょうけどね、原発に近いところはどうしようもないですもんね」

「子どもとか、外に出てないもんね、遊んでないもんね」

「私ら年ですからどうでもいいです、全然気にしない。でも、うちの小学校と幼稚園の孫は、学校に行っても屋内でしか活動しないし、家に帰っても家の中だけで生活してる」

「私なんか、孫の家に遊びに行くと、服を脱がされる。その場でビニール袋へ入れるんです」

「子どもの飲む水なんてね、ものすごく気にしてますよ。ミネラルウォーターを必死で手に入れてます」

仕事で市内を回る二人は、子どもが遊ばなくなった町は本当に寂しい、と繰り返しながら、バイクに戻っていった。

公園を通りがかった別の男性（五七歳）も、話をしてくれた。コンサートなどの照明の仕事をしているという。

「仕事は全部なくなっちゃいました。地震で建物とか壊れちゃったし、あと、自粛ってことでコンサートとか中止になっちゃったし。どうやって生活していくか、ちょっとまだ具体的な考えが浮かばない。でもね、野菜なんかね、すごく安くなって助かってます。地物が安いんです。どこにも出せないいんでしょうね」

ニュースでは、どこの産地から高い放射線量が計測されたと、連日伝えられていた。安全だと判断された農作物も、放射能の影響を心配する人たちから避けられているらしい。

朝六時三〇分。

福島市中央卸売市場は、がらんとして、寒々しい印象を受けた。仲卸や八百屋の大将がストーブの周りで缶コーヒーを飲みながらぼそぼそと話しこんでいる。特に大きな声で話しているわけではないのだが、あたりに響く。地物のコーナーは、競りにかけるような野菜がほとんどなく、もの寂しい競り場に話し声が響くのだ。出物は、ねぎやわらびなどわずか五品目。一輪車一台分、例年の二〇分の一だという。七時に始まった競りは、わずか五分で終わった。通常なら、三〇分～一時間行われるという。値段も、前の年の三～四割安い。

「風評被害です。旬のものが、放射能の風評被害をまともに受けているんです」

市場の関係者は、怒りを含んだ声で、そう説明してくれた。大量に野菜を仕入れていたいくつかのスーパーや外食関係企業が、「福島のものはダメだ」と引き上げる動きが続いているという。それでも、「自分たちはまだいい、大変なのは農家だ」と市場の関係者は繰り返した。農作物をつくるのには、手間と金がかかる。それが売れないとなれば、農家は物を作る意欲をどうやって保てばいいのか。急場はしのげても、先が見えないまま、放射能の風評と闘い続ける体力はあるのか。

「雪うさぎがきれいに見えますね」。福島市の郊外へ車を走らせているとき、音声マンの佐藤さんが教えてくれた。福島に春が来ると、雪うさぎが現れる。吾妻小富士の雪がぬるみ、山肌に残った部分が、市内からはうさぎの形に見えるのだ。地元の人は雪うさぎを見て春を知り、種まきを始めるそうですよ、と佐藤の説明が続く。日照りの時にとんびにさらわれた親子のうさぎが、山の神となって里に恵みをもたらすという言い伝えがあるらしい。

雪うさぎを仰ぐ福島市郊外には、一面に桃畑が広がっていた。ちょうど花の時季で、例年なら観光客の目を楽しませているそうだが、まったくと言っていいほど人気《ひとけ》がない。畑の間を歩いていると、桃の木にはしごをかけて、つぼみを間引いている年老いた女性に出会った。咲きほこる淡い紅の花に包まれて、一つ一つていねいに、つぼみを摘んでいる。原発事故の後も、いつもと変わらないように畑の手入れを続ける日々だと言う。

「売れねえ、売れねえと言われたって、じーっと育ててきた桃だからよ。手をかけてやんなきゃどうしようもねえ。農協さんも、このままやってくれって言うしよ。でも、これがどうなるかさっぱり分からねえ。分からねえけど、やるしかねえしよ……」

何十年と続けてきた、日々の営み。七三歳の女性は、ただ黙々と、つぼみを摘み続けていた。

その姿は、原発事故が福島の暮らしから奪いつつあるものが何なのか、我々につきつけていた。頭上を、バラバラと大きな音を立てて、二機の自衛隊のヘリが横切っていく。すっかり当たり前になったのか、あたりの人は誰も気に留めない。

学校など、子どもに関する取材はなかなか進展しなかった。震災後の復旧で取材どころではない、と断られることが多かった。我々は、子どもを連れた街中の母親や、親たちの集まりの取材を重ねていた。そんななか、ある母親が「給食だより」のプリントを見せてくれた。母親は、とても怒っていた。原発事故後、学校から子どもが持って帰ってきたプリントに、食べ物の「地産地消」の取り組みが載っていると言う。原発事故で皆が敏感になっているときに、放射能の不安がある食べ物について堂々と書いているのは無神経だ、というのだ。

給食センターに電話で取材をお願いすると、やはり断られた。しかし、話しているうちに、「地産地消」の文言は消し忘れたのではなく、消さなかったのだ、ということが分かった。再度、取材をお願いすると、最終的に話を聞かせてくれることになった。

福島市南部学校給食センターは、小学校一〇校、中学校三校、全部で三二〇〇食の給食を担当していた。電話で応対してくれた栄養士の長嶺恵美子さん（五二歳）は、笑顔の優しい朗らかな女性である。

「保護者から電話がかかってきます。地元の食材を使うなって。もし使っても、その食材だけ食べないよう子どもに言うから、分かるように表示しろって。サラダなんかはいろいろな食材が混ざっていますよ、と伝えると、福島産のものだけよけて食べさせる、というんです。いろいろと話して、最終的には納得してもらうよう努力しています」

取材した四月は、地元の青菜が旬で美味しい時期だった。しかし、出荷規制がかかっていたため、東京産の小松菜を代わりに使っていた。ハウスで育てるきゅうりは、福島産でも規制がかからず、食材としてふだんどおり使っていると言う。その調理は、O-157などへの対策もあり、五回の水洗いを含む、とても衛生に気をつかったものだった。

長嶺さんが、原発事故後も「地産地消」にこだわるのには、理由があった。震災の起こる一年前に、「だいすき、ふくしまの日」という地産地消の取り組みを始めたためだ。一ヵ月に一度、ほぼ地元の食材だけで給食を作ったり、地元の農家といっしょに肉じゃがコロッケなど新たなメニューに挑戦したり、子どもの〝食育〟と熱心に向き合ってきたのだ。

長嶺さんは、原発事故後、給食のプリントに地産地消の文字を入れるか、とても悩んだという。しかし、「頑張れ福島!」の思いで、最終的に入れることを決めた。政府が大丈夫だと宣言した福島の食材があるにもかかわらず、過度に神経質になって使わなければどういうことになるか。子どもたちは、福島の名がつくものはすべてダメだと思いこみ、嫌いになるのではないか。そう、考えてのことだった。

「少しでも放射能が入っていそうなものは子どもの口に入れたくない、という親御さんの気持ちも分かるんです。でもそれに従っていたのでは、給食づくりに地元のものをずっと使えないということになって、給食から風評被害をまき散らすことになるのではないか、と思いました。いまは、この環境の中で、どのように生活していくか、どのように乗り切っていくか、それを考えていきたいんです」

取材の最後に、長嶺さんは、子どもの意識で変わったこともある、と教えてくれた。給食センターに戻される食べ残しの量が格段に減った、という。震災後、報道などで被災者が食べ物で苦労している様子を見知って、食べ物を大切にしようという気持ちが芽生えているのではないか。子どもたちは、子どもたちなりに、震災に向き合おうとしているのではないか。

「特別なことはせず、いまできる当たり前のことを、当たり前に続けていきます」

長嶺さんは、自分に言い聞かせるように、話してくれた。

学校への取材は、意外なところから道が開けた。井上カメラマンが、地元の新聞はきめ細かく取材していてヒントがあると毎朝目を通していたのだが、福島市立渡利中学校で、原発事故後の保護者向けの説明会があるというニュースを見つけたのだ。取材のお願いをしようと、さっそく電話をした。ところが、応対してくれた校長先生が、新聞社の勘違いによる記事で、朝から問い合わせへの対応に追われていると言う。がっかりしながらも、ダメもとで、子どもや学校の様子を取材したいとお願いした。すると、話だけでも聞きましょうという答えが返ってきた。急いで車を飛ばし、学校に向かう。後の話だが、この中学校の周辺を岡野博士や木村真三さんたちが調査していて、特に放射線量が高い地域だと注目していたことも分かった。偶然の一致だが、運命に導かれたような気がした。

福島に春が来ると、吾妻小富士に現れる雪うさぎ。渡利中学校の校庭からも、雪うさぎがきれいに見えた。子どもの声が消えた校庭で、齋藤嘉則校長（五九歳）が「今年の春は長い」と呟いた。

三月一一日は、卒業式だった。無事に生徒を送り出した齋藤校長が、遅い昼食で一息ついたとき、校舎が大きく揺れた。

「闘いの始まりでした」

齋藤校長は言う。生徒と教職員の安否確認に奔走し、コンビニや給水所に連絡事項を張り出し、校舎の点検を続けた。一日も早い再開に向けて寝る間もない日々。そこに降りかかったのが、放射能だった。

「ベクレルとかシーベルトとか何？　って。もう追いつけないんですよ。新聞を読む時間もない。『健康を害さないんだよ』『いまの数値ではもう大丈夫だよ』ということを信じるしかない。私たちがバタバタしたのでは、子どもにも影響するだろうし」

取材当時、全校生徒は四五八人。その安全が、齋藤校長の肩にのしかかっていた。校長が、震災直後から、ファイルにとじていた活動の記録。帽子やマスクを着けて登下校することを呼びかけた文書のそばに、「生徒の心ケア」と走り書きがあった。生徒を放射能から守るための措置が、逆に、子どもの心に負担をかけないか。校長の苦悩が伝わってきた。

放課後、体育館をのぞくと、生徒たちが窓にマットをくくりつけていた。野球部の練習が始まると言う。渡利中学校では、原発事故の後、校庭を使用していない。

金属バットを手にした男子生徒が、壁に向かって並び、トスされるボールを黙々と打ち始めた。ボールは、丸めた新聞紙。バットに弾かれて、パシパシと乾いた音を立てる。顧問の先生が、春は、連携プレーなどでチームを作る大事な時期だと、話してくれた。しかし、屋内では、キャッチボールさえできない。

陽が沈み始めた夕暮れ、齋藤校長と校庭へ出た。オレンジ色の光が、斜めに強く差している。強い風が吹き、ぶわりと砂が舞い上がる。突然、齋藤校長が、無言で歩き出した。子どもの声が絶えた無人の校庭を、歩く。歩く。その背中を、カメラマンと追いかけた。

「ここがサッカー部。陸上部。あそこが野球部なんだけど、これだもんね。さびしいですよね。いつもの光景でないもんね」

校庭の真ん中で立ち止まった齋藤校長が、あちこちを指さしながら、あふれるように言葉を紡いだ。生徒を守るために、校庭の使用を禁止した。それは正しかったのか。校長の足下には、見慣れない丸いマークがあった。福島市などが、放射線量を測るための目印だと言う。目には見えないが、確かに、ここに、放射能が積もっている。

夕陽に、吾妻小富士が浮かび上がっていた。春を告げる雪うさぎが見える。

「自然の景色はすばらしいんだけどね、見えないものが、我々の活動をじゃましてる」

齋藤校長は、二〇一一年度で定年を迎える。放射能に汚染された学校で、子どもたちと最後の年を過ごす。

子どもが放射能から受ける影響は、大人の比ではない。チェルノブイリ原発事故では、甲状腺ガンを患った子どもが急増した。しかし、放射能から子どもを守ろうとすることは、子どもから当たり前の生活を奪うことでもあるということに、取材をして気付いた。

忘れられない景色に出合った。

福島市にある小学校の前に、ずらりと車が並んでいた。下校時間に合わせて、親が迎えにきているのだ。一年生だろうか、ツヤツヤ光るランドセルを背負った二人の男の子が、おしゃべりしながら歩いてきた。即座に、一台の車の扉が開いた。一人の男の子が、引っ張り込まれる。もう一人の男の子が、びっくりして、立ち止まる。ゆっくりと、車が動き出す。残された男の子が、あわててその横を走り始めた。ランドセルを揺らしながら、一生懸命手を振っている。窓越しの友達に「バイバイ、バイバイ」と伝えている。車は、徐々にスピードを上げて、走り去った。子どもたちは、友達と道草しながら家に帰ることさえできないのか。

何人かの親が、話をしてくれた。「うちの子は、通学で往復二時間近く歩くから」、「何十年先に健康被害が出るか分からない」、「(放射能が)蓄積されていくことはみんなもう分かっているので、少しでもリスクを下げるために」、迎えにきていると言う。

「ただちに、健康に影響はありません」

政府は、原発事故の直後から、繰り返した。親たちにとって、これほど無責任な言葉はない。

「ただちに」影響がないなら、大人になってからどうなるのか。どこまでが安全で、何をすれば危険なのか。

文部科学省は、子どもが一年間に浴びる放射線の限度量を二〇ミリシーベルトとする基準を、四月一九日に発表した。そこから、屋外の放射線量の上限を毎時三・八マイクロシーベルトとし、それを上回った学校は、屋外活動を一日一時間に制限した。しかし、年間二〇ミリシーベルトは、一八歳未満の就労を禁じた放射線管理区域の四倍近い設定だった。これが、福島の親たちの怒りを呼んだ。

「国は子どもの命を本気で守る気があるのでしょうか」

四月二五日。小学生二人の子を持つ中手聖一さん（五〇歳）が、静かに、語りかけていた。文部科学省の発表を受けて開かれた、親たちの緊急集会。メールや口コミだけで一〇〇人以上が集まった。放射能と隣り合わせの生活の中、どういう思いで子どもを育てているか。政府に伝わらないもどかしさに満ちていた。

「基準値ぎりぎりセーフの地元の食べ物を、給食で子どもに食べさせているんですよ」

親たちは、これまで一人で抱えていた不安や焦りを吐露するように、次々に発言する。

「朝、親に言われてマスクしても、学校からの帰りにゲラゲラ笑って取っている。雨には濡れるし、半そでを着て歩くし、見えない放射能を相手に強制するのは無理」

「うちの学校は三・八以下で、外で活動していいと言われたけど、マスクして運動して体育になるわけない。三・八以上だった学校の親御さんのほうが、むしろ良かったって言っていますよ」

放射能は生活の隅々にまで入りこんだ、と親たちは訴えた。夏になっても窓を開けずに授業を行うのか。マスクやミネラルウォーターなど、放射能から身を守るためのものも、入手する費用はばかにならない。二四時間、放射能の不安と闘う厳しさや物理的な難しさが、ひしひしと伝わってきた。その根本にあるのは、信頼できない政府への不満。自分の子どもは、自分で守るしかない。しかしそれにも限度がある。ある親が発言した。

「避難したいけど、子どもから、自分たちだけなぜ逃げるのかと言われる。本当に苦しい」

呼びかけ人の中手さんは、じっと、耳を傾けていた。中手さんは、震災直後から、子ども二人を岡山に避難させている。知り合いの親と三人で始めた〝原発震災復興・福島会議〟の活動が反響を呼び、地方の自治体から、子どもを持つ家族を受け入れたいという申し出も相次いでいた。しかし、決断に至った家族は少ない。住み慣れた故郷を〝捨てる〟のか。避難先で仕事はあるのか。避難できる人のサポートと同時に、福島に必要なことは単純だった。

・「二〇ミリシーベルト」までとする基準の撤廃

・放射線量を下げる〝除染〟の取り組み

集会が終わり、中手さんに話を聞いた。

「子どもの避難先を久しぶりに訪ねました。そしたら、父ちゃん、俺たちの友だち守ってくれよ、って言うんです」

福島を心配しているのは、親だけではない。友だちと離ればなれになった子どもたちも、放射能と闘っている。この現実をどうやって政府に伝えればよいか。中手さんは、考えていた。

集会の二日後、四月二七日。

事態が大きく動いた。郡山市が、学校の〝除染〟に踏み切るという。文部科学省は、屋外活動一日一時間の制限を守れば、放射能を除去する必要はないという姿勢を崩していない。市独自の判断だった。

福島市を離れて郡山市の取材に向かおう、と提案したのは、井上カメラマンだった。単純に考えれば〝除染〟は、一刻の猶予もなく始めなければいけない放射能対策の有効な手段である。なぜ、その取り組みがここまで遅れ、しかも市独自の判断となったのか。チェルノブイリの取材を経験した井上カメラマンの直感があった。

郡山市は、原発からの距離が六〇キロメートル。人口およそ三〇万人で、福島市と同規模の都市である。町に入ると、地面から屋上まで大きな割れ目の入ったビルや、傾いた店、崩れ落ちた家があちこちにあり、多くの立ち入り禁止のマークが目についた。郡山出身の佐藤音声マンは、震災後、初めて故郷に帰る。震災の生々しい傷痕が、次々に現れては消える車窓を、じっと見つめていた。

郡山市立薫小学校の校庭に入ったとき、ごうごうと音を立てて、大きなショベルが横切った。放射能に汚染された表土を削り取っているのだ。郡山では、文部科学省が発表した地表五〇センチメートルの高さの空間線量率三・八マイクロシーベルトの基準値を、薫小学校一校が超えた。その他の学校や保育所についても、地上一センチメートルの計測値（文部科学省の調査基準は小学校で地上五〇センチメートル）に基づく独自の安全基準を設定し、除染を進めていく計画だった。

除染作業が始まった薫小学校。春には強い日差しのなか、数台の大きな工事用車両が動いている。放射能の除染とは、手間と金がかかる工事なのだということを、初めて実感した。表面から三センチメートル程度の土を削り、校庭の隅に集めて、ブルーシートをかける。作業後、地表一センチメートルで測定した放射線量は、四・一マイクロシーベルトから一・九マイクロシーベルトに下がった。削った土は、郡山市内の埋立処分場に運ぶ計画だった。


郡山の中心部から西へおよそ一〇キロメートル、逢瀬町《おうせまち》は、山間に田んぼの土が黒々と光る人口四五〇〇人ほどの集落である。町の外れに、河内《こうず》埋立処分場がある。廃棄物を運ぶたくさんのトラックが、集落を次々に通り抜けていく。逢瀬町の風景を撮影しようと井上カメラマンが三脚を据えたが、山から吹き下ろす風が強く、なかなか安定しない。いっしょになって三脚の足にしがみつきながらふと顔を上げると、鯉のぼりの親子が目に入った。強風のなか、鯉たちはバタバタと体をあおられ、いまにもちぎれて飛んでいきそうに見える。その向こうには、埋立処分場がある。震災後、大量に運び込まれたがれきは、放射能で汚染されていないだろうか。住民たちが、話し合っていた。強い風が放射性物質を飛散させないか、不安なのだ。

そこに、高い放射線量を示した校庭の土を運ぶ計画が、知らされた。

除染が始まった同じ日の夜、我々は、緊急説明会の会場にいた。詰めかけた住民は一〇〇名ほど、その表情は一様に硬く、強ばっている。重い緊張が満ちるなか、郡山市役所の生活環境部長らが、土を運ぶことへの理解を求めた。そのなかで、「除去した表土については格別に放射能の汚染濃度が高いということではない」という発言があった。不用意だ、と思った瞬間、住民たちがかみついた。

「風評で、こんどは河内の野菜、米も売れなくなる。こんなの持ってこられちゃ、農家いじめだ。とんでもない話！　これは絶対、反対！　皆さん、反対ですね！」

「子ども子どもってあなたがた言いますけども、ここにだって子どもがいるんですよ！」

「いまの原発の問題は、すべて東電と国に責任があるんですよ。郡山市は、それを何で東電と交渉しないいんですか？　我々と交渉したってしょうがないでしょう。東電の敷地に持って行って、東電のところに置いてきてください」

住民の不安を置き去りに、勝手に進められた計画。子どもたちのために放射能の除染が必要であることは、誰もが分かっていた。しかし、放射能への不安が自分たちのところへ運ばれることに、住民全員が反対した。

「分かりました。皆さんのご理解をいただけないうちは、河内の処分場には持ってこない。私の口からお約束します」

郡山市役所の担当者たちは、そう答えるしかなかった。

校庭で除染された土を、処分場に運ぶ計画は、白紙に戻った。翌日、除染が行われた小学校の校庭には、ブルーシートで覆われた土の山が残されていた。

夜、郡山の駅前で食事をとっているとき、故郷の町がもめている様子を見てきた佐藤音声マンが「何でこんなことになったのかな」とつぶやいた。福島県に、原子力発電所があることの意味を、突き詰めて考える福島県民はほとんどいなかったと思う。でもそれは、福島県民だけの罪なのか。その罪ゆえに、放射能の危険にさらされることを受け入れなければいけないのか。ニュースでは、福島から避難する人や車、物に対して、検査を強いるなど他地域で始まった差別的な動きが伝えられていた。「俺は許せないです」。佐藤は、変わり果てた故郷を前に、怒りと悲しみをにじませた。

「ただちに健康に影響はありません」

そう繰り返すばかりの国の対応は、放射能汚染の実態把握や除染という物理的な面でも、福島に暮らす人々の心のケアの面でも、何ら機能していないと考えざるを得なかった。

国が、子どもを守る活動の足かせになっている。

五月二日。福島の親たちが、永田町の参議院議員会館に乗り込むという情報を、〝原発震災復興・福島会議〟の中手聖一さんから得た。親たちが、〝年間被ばく限度量二〇ミリシーベルト〟の基準を定めた文部科学省や原子力安全委員会へ、直接申し入れを行うのだ。取材クルーも福島から東京に戻り、同行した。会場で、中手さんが政府の代表を前に、リュックサックからビニール袋を取り出した。

「これを見ながら、話し合いをさせてください」

中には、基準を下回って安全とされた、福島の小学校の土が入っていた。中手さんが、文部科学省の担当者につきつけた。

「子どもは、砂場で遊んだり、泥んこで遊んだりするんです。その土で、ですよ。それがいいのかってことなんです。早く手を打つために、二〇ミリシーベルトの基準を撤回してくださいってことなんです。これを撤回しないと身動きとれないんですよ」

文部科学省の担当者は、親たちの気持ちに理解を示すと言いながら、同じ回答を繰り返した。

「二〇ミリシーベルトは危険ではないと思っています。ただし、二〇ミリシーベルトでいいとは思っていないので、できるだけ低くする。いろいろご意見があると思いますが、私どもの出した通知を守っていただければ、安全上問題になるようなことではないということなので」

ところが、年間二〇ミリシーベルトという限度量を決めるときに、文部科学省が助言を求めた原子力安全委員会が、意外な発言をした。

「二〇ミリシーベルトを基準とすることは認められません。はっきり申し上げさせていただきます」

会場の空気が、一瞬とまった。原子力安全委員会の担当者が繰り返す。

「認めておりません。子どもに関しては、年間二〇ミリシーベルトの被ばくは許容しません。はっきり、原子力安全委員会として言わせていただきます」

中手さんが、すかさずたたみかけた。

「そうしますと、安全委員会は何ミリシーベルトまでなら大丈夫と言っているんですか」

「いまの段階では、子どもが許容できる限度というのは申し上げてございません」

「今後も決める予定はないんですか」

「引き続き検討させていただいて、必要な助言をさせていただきます」

文部科学省に、再び、中手さんが向き直る。

「原子力安全委員会は、二〇ミリシーベルトを子どもに浴びさせていいとは認めていないんですよ。どれくらいが適切かというのは、これから考えると言っているんですよ。答えが出るまで待ちましょうよ」

明確な答えは示されず、申し入れが終わった。会場を去る担当者たちを、親たちの怒号が追いかける。中手さんは、じっと目を閉じて、動かなかった。

あいまいな基準に委ねられた、子どもの命。

親たちと国との間には、どうしても埋まらない溝がある。年間二〇ミリシーベルトは、撤回されなかった。

第七章

原発事故は人々を「根こそぎ」にした

大森淳郎

五代続いた厩舎は閉じられた

四月一一日、政府は、原発から半径二〇キロメートル以上離れた地域で、危険性の高いところを計画的避難区域に設定することを発表した。年間の被ばく線量が二〇ミリシーベルトを超えることが予想され、全住民を避難させる区域である。葛尾村は、ほぼ全域がこの区域に入った。篠木さん一家は、どうするのだろう。三月二九日に生まれたあの仔馬は、どうなるのだろう。

政府発表の翌日、渡辺考ディレクター、日昔吉邦カメラマンと共に、二週間ぶりに牧場を訪ねた。すぐに異変を感じた。篠木要吉さんの家族が住む母屋の隣の別棟に、ご両親が暮らしていたのだが、引き戸が閉ざされたままだ。奥さんが出てきた。来意を告げると、少し困った表情を浮かべて部屋に戻った。しばらく待っていると、ほんのり頬を赤らめた要吉さんが出てきた。目の表情が乏しい。昼から酒を飲んでいたらしかった。

「もう、いないんですよ」

要吉さんが言った。仔馬のことだった。葛尾村が計画的避難区域に入ることが明らかになってからの要吉さんの決断は速かった。避難区域が正式に発表される二日前に、茨城県の牧場に無償で引き取ってもらったのだという。

「競走馬に育てるには、仔馬のときから運動させなければダメなんです。ここでは無理だ。よそに行ったほうが馬も幸せなんです」

馬を見送るときには、大泣きに泣いたと、要吉さんは照れ臭そうに言った。いなくなったのは馬だけではなかった。両親は、県が用意した村外の借り上げ住宅に入った。長男の祐一郎さんは、会津の奥さんの実家に身を寄せた。財産を失い、一家は散り散りとなった。要吉さんは昼から酒でも飲まずにいられなかったのだ。

空っぽになった厩舎を撮影したい、と残酷なことを私は要吉さんに言った。要吉さんは苦笑しながら求めに応じてくれた。仔馬とその母馬、その両隣にいた二頭、すべていなくなっていた。仔馬が眠っていた場所には、新しい寝藁が敷いてあった。戻ってくることになったら、と敷き直したのだという。しかし、それが空しい夢であることは、要吉さんがいちばんわかっていることだった。

「競走馬になれるかどうかは、育ててみるまでわからないんですけどね」

未練を断ち切るように要吉さんが言った。

「でも、元気な男の子だったじゃないですか」

私は再び、残酷なことを言った。

「そうだよね。元気だったよね。昨日、茨城から電話をもらったんだ。大丈夫だからって。元気に走り回っているらしい」

要吉さんは、しばらく言葉を探してから、続けた。

「何も悪いことをしたわけじゃないのに、何の落ち度があるわけでもないのに、なんで、財産をすべて失って、家を出ていかなければならないのか。本当に、なんでなんだろう。誰か答えてほしい」

仔馬のいた場所を要吉さんは見つめ続けていた。そして、昂ぶった気持ちを断ち切るように、厩舎の扉を閉めた。

そして篠木さんは村を去った

要吉さんは、布団をビニール袋に詰め、十文字に紐で縛っていた。四月末、郡山に借りたアパートに引っ越すことになったのだ。いつも、玄関脇に建て増しした居間で話を聞いていた私は、初めて奥の部屋に入った。大正時代に建てられた家には、篠木牧場の歴史が刻まれていた。壁一面に、牧場を巣立っていった馬の写真が掛けられていた。その隅に古い賞状が飾られていた。昭和五年、良馬の育成を称えて農林省から贈られたものだった。篠木平馬殿とある。要吉さんの四代前、篠木牧場の創設者にふさわしい名前だった。要吉さんは、黙々と荷造りを続けている。馬とともに生きてきた一族の八〇年の歴史が閉じられようとしているのだった。飼い猫が、ガランとしてしまった部屋の真ん中で、戸惑ったように動かない。

「馬の写真も賞状も、このままにしてゆきますよ。いつか戻れるよね。それとも戻れないのかな」

要吉さんがつぶやいた。六代目を継ぐはずだった祐一郎さんは奥さんの故郷会津で、要吉さんは郡山で新しい仕事を探さなければならない。祐一郎さんが飼い始めた牛は、村外の畜産農家に引き取られる。三匹の犬は知り合いに預けることにした。原発事故が奪ったのは、五代目要吉さんが守ってきた牧場の歴史であり、六代目祐一郎さんが思い描いていた牧場の未来だ。今後、補償問題が本格化するだろう。でも、補償とは、読んで字のごとく、補い、償うことだ。篠木さん一家から原発が奪ったものを、補うことも償うことも、本当には誰にもできるわけはないのだ。

トラックの荷台がいっぱいになった。

「あの仔馬が活躍する日が楽しみですね」

「そうだよね。楽しみだよね」

要吉さんが笑った。私は、初めてここを訪ねた夜を思い出しながら、トラックが坂道を下っていくのを見送った。庭先の梅が満開だった。

鶏は虚空をつかみ餓死していた

私たちが高橋養鶏場の名を知ったのは、木村真三さんが、赤宇木集会所の人たちに話をした、三月二八日のことだった。集会所の上がり框《かまち》に、山積みになっている卵について尋ねると、原発事故で従業員が避難してしまい人手不足に陥っていた養鶏場に、皆で手伝いに行ったときにもらってきたのだという。その養鶏場を、七沢が訪ねたのが最初だった。七沢が見たのは、ケージの中で飢えた鶏だった。原発事故以後、餌が届かなくなっていたのだ。鶏たちは空っぽの餌箱を、空しくつついていたという。鶏たちの鶏冠《とさか》が黒ずみはじめていて、養鶏場の主人は、餌が届かなければ、あと二〜三日の命だと七沢に話していた。

　私が、渡辺ディレクター、日昔カメラマンとともに養鶏場を再び訪ねたのは、それからひと月近く過ぎてからだった。小川にかかった橋を渡ると、道の両側に鶏舎が立ち並んでいる。四万羽を飼育し、一日三万個の卵を出荷してきた、大規模な養鶏場だった。鶏舎の隣の家から出てきた高橋潔重さん（八六歳）は、不思議な表情を浮かべていた。笑っているようなのだが、けっしておかしいわけでも、楽しいわけでもないのだ。笑い顔の能面を張り付けたようだった。

「見てみるかい」

　高橋さんは、その表情のまま、私たちを鶏舎に案内してくれた。扉を開けると、けたたましい鶏の鳴き声。二列に並んだケージでは、およそ一万羽の鶏が餌をついばんでいた。ケージのかたわらには、餌の袋が積んである。

「この餌は、茨城に避難しているかみさんが店に売っているのを見つけて、俺が車で買ってきたんだよ。餌を届けてくれる業者がなくなっちまってさ。誰だって放射能がおっかないからよ」

　高橋さんが、鶏舎の奥のほうのケージに歩いて行き、私たちを手招きした。嫌な予感がした。高橋さんがいるほうからは鶏の声が聞こえないのだ。

　高橋さんが、ケージを指差した。私たちが見たのは、三万羽の鶏の死骸だった。ケージ二列分の鶏の死骸が籠に詰められていた。そして、さらに奥の四列には、死骸がそのまま放置されていた。日昔カメラマンが向けたレンズの先には、餌箱に首を突き出し、目を見開いたまま死んでいる鶏がいた。虚空をつかむように、足をケージの外につき出している鶏がいた。どの鶏の鶏冠もどす黒く変色していた。餌は間に合わなかったのだ。

「戦争が終わってさ、俺は、シベリアに抑留されていたんだよ。帰ってきたのが、昭和二三年。その翌年に、開拓村だったここにきたんだよ。最初は五〇羽からだった。四万まで増やしてよ。それが、原発でいっぺんにこうなっちまった」

高橋さんは笑ったままの顔で言った。養鶏場の厚いプラスチックの屋根を通過した陽光が、オレンジ色の光になって、鶏たちを照らしている。まるで、原子爆弾の爆発の瞬間で時が止まったかのように見えた。鶏は餓死したのであり、放射線被ばくによって死んだのではない。しかし私には、三万羽の鶏の死骸が、原発事故の恐怖そのもの、放射能による惨たらしい死そのものに思えた。私は息苦しくなり、放射線防護用のマスクをずらしたが、たまらない臭気に、あわてて戻した。通路には水が溜まり、油のようなものが浮いていた。養鶏場で死んだ鶏は、伝染病でない場合、産業廃棄物として処理される。しかし、計画的避難区域にある高橋さんの養鶏場に来てくれる処理業者はいない。従業員も去り、高橋さん一人では三万羽の死骸を埋めることもできずに、放置されているのだった。

「かわいそうでよ。生き物なんだからよ」

高橋さんの口から、うめき声ともため息ともつかない声が漏れた。

私が、あの光景を忘れることはないだろう。福島原発事故を、私は三万羽の鶏の死骸とともに記憶し続けるに違いない。

飼い主は、振り返らずにアクセルを踏んだ

四月一五日、原発から半径二〇キロメートル圏内が、立ち入り禁止になる日が一週間後に迫っていた。その日の朝、私は、浪江町津島支所で、岩倉文雄さん、公子さん夫妻を待っていた。赤宇木集会所で出会った夫妻である。赤宇木集会所に最後まで残っていた八人は、二本松市の避難所で、ひと月ほどいっしょにいたが、その後、各地に分散していた。岩倉夫妻は、山形県との県境近く、檜原《ひばら》湖畔の民宿に移っていた。浪江町の家からは、車で二時間半はかかる。それでも、岩倉さんは、一週間に一度、残してきた犬と猫の世話をするために、家に戻っていた。立ち入り禁止になれば、それも不可能になるかもしれなかった。私は、岩倉夫妻に同行することにし、待ち合わせをしていたのだ。

久しぶりにお会いした夫妻は、元気そうだった。愛犬、愛猫に会える高揚感が、そう見せていたのかもしれない。

「こんな恰好していったら犬も猫もびっくりしちゃうかしら。でも、声ですぐわかるね」

レインコートと、マスクで身を固めた公子さんが笑った。私は、文雄さんが運転する車の後部座席に乗り込んだ。走り出してまもなく警察の検問があったが、文雄さんが自宅に行くことを告げると、警察官は、「気をつけて。あまり長くはいないでください」とだけ言った。国道一一四号線を南東に、つまり原発の方向に向かう。夫妻は途中、あの赤宇木集会所に寄って、外にある

水道の水を汲んだ。家の水道は止まっているので、犬や猫に与える新鮮な水を用意してゆかなければならなかった。集会所から家までは、三〇分ほどの道のりだった。原発事故現場につながる〝死の谷〟だった。放射線量はあいかわらず、毎時二〇マイクロシーベルトを超え、持参した測定器は、振り切れたままだった。二〇キロメートル圏の入り口に通行制限の立て看板があったが検問があるわけでもなく、そのまま通り越した。いったい、どのくらい線量があるのか、緊張で体が強張る。

実は、私は夫妻にカメラを渡して、撮影してきてもらうことも考えた。怖かったのだ。しかし、撮影に費やす分だけ、夫妻が家に滞在する時間は長くなってしまうだろう。それはできないことだった。この前夜、渡辺考ディレクター、日昔吉邦カメラマンと共に三春の宿に泊まっていたのだが、私一人、別の部屋に寝た。緊張していた私は、二人の大酒に付き合う気になれなかったからだ。ふだんは穏やかな日昔は飲めば飲むほどに勢いづき、ついには天下人となる愛すべき酒癖を有しているのだ。

「明日、軍神となる方は、ゆっくりお休みください」

渡辺が気を利かせてそう言ってたっけ。

トンネルを抜けて、しばらく走った後、測定器を見た。意外にも、メーターは、毎時一六マイクロシーベルトを示していた。線量は下がり始めている。〝死の谷〟は原発までつながってはいないのだ。夫妻に、線量が下がり始めたことを告げると、車内の緊張がほどけるようだった。もう、町は近い（この間、渡辺と日昔は、最も高濃度の汚染地帯で私の帰還を待っていた。幸か不幸か、私は軍神にはなりそこなった)。

「ああ、満開だ」

文雄さんが、桜並木を見て言った。故郷はいつもの春を迎えていた。そこに人がいないことを除けばだ。畑が途切れると、低木の垣根がある家があった。そこが夫妻の家だった。隣家との間のブロック塀が根こそぎ倒れていた。

「ああ、パンダ!」

公子さんが叫ぶように言った。愛犬が、家の前に止まった車に気が付き、駆け寄ってきた。その名の由来は聞くまでもなかった。犬には、目の周りに黒いブチがあった。ちぎれそうなくらいに尾をふりながら、飛びつくパンダを公子さんが鎖に繋ぐ。水を替え、餌箱にたっぷりドッグフードを入れてから、公子さんは特別メニューをパンダに与えた。ごはんに、厚切りのハムだ。夫妻には飛びつきたいし、ハムも気になる。パンダは、ほとんど半狂乱だった。

「やっぱり、ブラッキーはいないな」

文雄さんが、もう一つの空っぽの犬小屋を見て言った。夫妻が家を脱出して以来、もう一匹の犬は姿が見えなくなっていた。猫たちがゾロゾロと集まってきた。七~八匹はいただろうか。夫妻の飼い猫だけでなく、野良猫や、近所の人が飼っていた猫もいる。猫たちは新鮮な水に飢えていたようだ。長い間、飲み続け、満足すると、体を公子さんと文雄さんの足に摺り寄せてくる。一匹、ひどく痩せてしまっている猫がいた。

「トム、どうしたの。こんなに痩せてしまって。かわいそうになあ」

岩倉夫妻の車の後を追う愛犬のパンダ

公子さんが、抱き上げたトムは、近所の家の飼い猫だという。そこには餌も水もなく、やっと、岩倉さんの家にたどり着いたのだろう。

夫妻は、滞在時間を一時間以内と決めていた。時計を気にしながら、猫の餌を替え、トイレを掃除し、あちこちに新しい水を置いていく。

あっという間に時間は過ぎ去った。別れの時だ。公子さんが、パンダの鎖を、外れやすいように繋ぎ直す。その意味がわかるかのように、パンダは身をよじって抗った。文雄さんは、すでに車に乗っている。

「さあ、早く！」

車に向かって走る公子さんに促され、私も車に乗り込んだ。文雄さんが、何も言わず車を発進させる。私は、後部座席からパンダにカメラを向けた。鎖はすぐに外れた。家の垣根を回り込み、隣の畑を突っ切って、パンダは国道に出た。直線道路を、懸命に追ってくる。夫妻は、前方を向いたままだった。車が、カーブにさしかかる直前、一瞬、パンダのスピードが落ちたような気がした。それが私がパンダを見た最後だった。私はいつまでもカメラを回し続けた。放射能に汚された無人の街が遠のいていった。

パンダの今、仔馬の未来

人々は田を失った。家畜を失った。仕事を、家族や友と過ごす時間と場所を失った。どれだけ羅列しても、間に合わない。原発事故は、人間の暮らしを、文字通り「根こそぎ」にした。生きてゆくための、あらゆるよすがを失い、人々は見知らぬ土地を彷徨い続けるしかない。だが、それでも、人々は生きてゆく。

パンダの飼い主、岩倉夫妻は、八月に避難先の檜原湖畔の民宿を出て、二本松市の仮設住宅に入った。入居しているおよそ三〇戸は、皆、浪江町の人たちだが、岩倉夫妻が住んでいたところからは大分離れた集落の人が中心である。赤宇木の集会所で出会った仲間たちの中では、末永善洋さんが同じ仮設住宅に入ったが、あとはばらばらである。

岩倉夫妻は、まだ仮設住宅での人付き合いになじめないでいる。そんな夫妻を和ませているのが、部屋で飼っている、文雄さんの実家からもらってきた一匹の猫、そして玄関先に繋いだ犬のブラッキーだ。ブラッキーは、三月一二日に岩倉夫妻が避難して以来、行方不明になっていた。しかし、夫妻が特別の許可を得て、浪江の家に一時帰宅したときに見つけて、連れ帰ってきたのだ。ブラッキーは、岩倉さんの家から三〇〇メートルほど離れた場所をうろついていた。痩せた体には傷があり、目つきが鋭くなっていた。五ヵ月ぶりの再会だった。自力で生き抜いてきたブラッキーは、タイベックススーツとマスクに身を固めた夫妻を、なかなか認識できなかった。呼びかけても、不思議そうに夫妻を見つめるだけだった。公子さんが意を決してマスクをはずし、タイベックススーツを脱ぐと、恐る恐る近寄ってきて、公子さんの腕に抱かれた。

パンダは今、石川県のある家で飼われている。岩倉夫妻が、檜原湖畔の民宿にいたとき、民宿の主人が、パンダのことをインターネット上にアップし、それを読んだペット救出にあたっていたグループが救い出したのだ。文雄さんが、それを知ったのは、パンダがつてを頼って石川県に引き取られてからだった。

「とっても可愛がってもらっているようなんです。返してほしいとも言いにくくなっちゃって。第一、ここで二匹は難しいですから」

すぐにでもパンダを引き取りたいと思っている公子さんとは意見が分かれるところだ。岩倉夫妻は、今も、浪江の家に定期的に帰っている。猫たちの姿は見えないが、砂トイレを使った痕跡があるし、餌も少しずつだが減っている。猫たちには、なんとか生き延びてほしい、そして、いつか帰れる日がきたなら、そのときこそパンダも連れ戻そう、夫妻はそう思っている。

「ご自分たちの健康も大切にしてくださいね。ホールボディカウンターの検査は受けたのですか」

私が問うと、文雄さんが、パンダやブラッキーのことを語るときとは違う声で答えた。

「受けていません。何の連絡もないんです。子どもたちが優先ということは理解していますが、私たちに受診案内がこないのは、別の理由もあるのではと思うんです。私たちは、パンドラの箱みたいなものなんじゃないでしょうか」

三月三〇日まで、赤宇木の集会所にいた自分たちは、最も高線量を被ばくしたグループに入るだろう。それがわかっているからこそ、調べようとしないのではないか、文雄さんはそう疑っているのだ。自分たちは情報から遠ざけられていたがゆえに、被ばくしたのだ。行政に対する不審は心の中にわだかまったままだ。


一〇月のある休日、私は秋空に誘われて茨城県の牧場を訪ねた。原発事故の最中に葛尾村で生まれた、あの仔馬に会いたいと思ったからだ。牛久の工業団地の近くにある内藤牧場、そこがあの仔馬が引き取られた先だった。広々とした敷地一面に、木の柵に囲まれた運動場が幾つも連なっている。その一つ一つの中で、二〜四頭の馬が走ったり、仔馬同士で遊んだりしている。牧場の主人内藤正生さんの次女、彩子さんに案内してもらった。馬は全部で五〇頭ほどいる。あの仔馬はどこにいるのか、わくわくしながら牧場のいちばん奥まで来たとき、大きな栗毛の馬と、その三分の二ほどの大きさの、やはり栗毛の馬が寄り添っている姿が目に飛び込んできた。あの仔馬と母馬だと、すぐにわかった。二頭の額には、稲妻形の白斑がくっきりと浮かんでいた。

「あの馬ですね」

私が問うと彩子さんがうなずいた。

「まだ、お乳を吸おうとして甘えるんですけど、そろそろ分けるときなんです」

篠木牧場の厩舎で、母馬に見守られながら寝息をたてていた仔馬が、もう独り立ちしようとしているのだった。別れが迫っていることを知るはずもないのだが、母馬と仔馬は頬を寄せ合うようなしぐさをしきりに繰り返している。だが、彩子さんの姪が、柵の外側に生えている草をむしって差し出すと、二頭は争うように食べた。

「仔馬も負けていませんね」

「もうすごいんです。私たちにものしかかるようにして、どうだ、俺は強いんだぞって」

彩子さんが目を細めた。勝ち気な性格も、競走馬には必要だ。仔馬にはまだ名前はない。当分は、食べて遊んで頑丈な体をつくる。競走馬としての訓練が始まるのは、二〇一二年の秋ごろからだ。そして早ければ二〇一三年の五月にはトレーニングセンターに移され、二～三ヵ月の実戦訓練を経てデビューすることになるという。前途洋々だ。

翌日、篠木要吉さんに電話をかけた。仔馬の元気な様子を伝えて、喜んでもらおうと思ったのだ。だが、要吉さんの声を聞いた瞬間、自分の浅はかさを悟った。その声は、暗く沈んでいた。東京電力との補償交渉はまったく進んでいないという。サラブレッドの値段は、牛や豚とは桁違いだ。そもそも一頭一頭が「作品」であり、その価値は未知数だから金額交渉の糸口すらないというのだ。要吉さんは、自身も馬主で競走馬に詳しい弁護士と、ようやく相談を始めたところだ。家族を養ってゆくために、今、要吉さんは郡山の産業廃棄物処理工場で重機を運転している。

「慣れない仕事でね。毎日、怒られてばかりです。絶望的ですよ」

要吉さんは力なく笑った。だが、要吉さんの絶望の本当の理由は別にあった。それは、長男の祐一郎さんが、葛尾村に帰ることを断念したことだった。祐一郎さんは、いつかは村に帰り篠木牧場の六代目を継ぐつもりで、会津の観光牧場を手伝っていた。その間にも、放射能汚染の実態を知り、その人体影響について学んできた。何より心配なのは、赤ん坊のことだった。祐一郎さんは悩み続けた。赤ん坊を、被ばくの危険にさらすわけにはいかない。そして、祐一郎さんは、もう葛尾村には帰らない、会津の地で生きてゆこう、そう決断し、介護士の資格をとった。就職も近いという。

要吉さんにとって、祐一郎さんの新しい門出は喜ぶべきことであると同時に、牧場の再開を断念することを意味していた。

「私だけ帰ることはできますよ、この年齢だから。でも息子は帰らないし、それは正しい選択だと私も思う。だからもう、牧場の未来はないんです」

私に返す言葉はなかった。

「仕事で無理をして身体を壊さないようにしてください」

それだけ言って電話を切った。あの仔馬がデビューするころ、要吉さんはどこで何をしているのだろう。でも、どこで何をしていようとも、その時は、競馬場に駆けつけて声援を送っているに違いない。逞しく育ったあの馬が、馬群の中で躍動する姿を想像すると、私の心は浮き立つ。

第八章

科学者たちの執念

検出されたプルトニウム

渡辺　考

遠かった震災

時差惚けゆえに、早朝五時過ぎにはすっかり目が覚めてしまった。仕方なしに窓のカーテンを開けると、あまりにも美しい田園の広がりに目を奪われた。青々とした牧草、立ち籠める薄い霧、そしてやわらかな朝の斜光が風景を輝かせている。しばらくその風景に見とれたあと、深呼吸をして、自分が生きている幸せをしみじみと味わった。そして、この時間が終わらないでほしい、と心から願った。なんという不遜な贅沢な芳醇さに私はいたのだろう……と今つくづく思う。

三月一一日、私が滞在していたのはイングランド南東部のノーフォークである。ロンドン在住の作家カズオ・イシグロにフォーカスを当てた番組のロケは、終盤に差し掛かっており、その仕上げとしてイシグロ作品で重要な役割を果たしている田園地帯を訪ねたのだった。

現地時間の朝七時半ころ、朝食の席に日本で地震があったようだ、という第一報が入った。ただ詳細はわからず、大きめな地震らしいということしかめぼしい情報はなかった。地震が日常である日本のことを知らないイングランドのこと、おおげさに報じているだけではないのかとの安易な判断で、私たちはノーフォークの海岸部近くに位置する貴族の邸宅に小説『日の名残り』のイメージカット撮影に向かった。甲子園球場より広そうな庭園に囲まれた瀟洒な館は、狭い宅地に暮らす我が身からすると別世界だった。なんとも場違いなところにいたものである。その瞬間もまだ多くの人々が苦しみ、命を落としていたのだから……。

撮影を終えてロケ車に戻ると、アイルランド系ドライバーのポールが慌てたように私たちに語った。それはあまりにも衝撃的な言葉だった。

「日本を襲った地震は一〇〇〇年にいっぺんのものだとさきほどからラジオが繰り返し言っているよ」

まさか……。そんなことあるのか。疑念と不安が一体化し、頭が一瞬にして混乱状態となった。さらに……。

「フクシマが被害にあったと言っている」

ポールの言葉に音声照明担当の折笠慶輔が大きな声をあげた。

「まじっすか」

折笠は福島県出身だった。そして彼の両親は福島市内に暮らしているのだ。

「浜通りか、それとも中通り、会津なのか……」

ふだん陽気な折笠は、眉間にしわをよせながら、一人つぶやいている。それからは、撮影どころではなかった。私は比較的スピーディーに家族の無事を知ることができたが、なかなか福島には連絡を取ることができない。気が気でない状況の中、ようやく数時間後、折笠の両親の無事が確認されたが、自宅は本震には持ちこたえたものの、その後も数分置きに激しい余震が続いていて、予断を許さない危険な状況であることが判明。隣家は折笠家の方向に傾いているという。折笠は、電話で親戚宅に移るように説得するが両親は頑として首を縦に振らない。しかしこの時福島には地震そのものではない脅威がしのびよっていたのである。

翌日は撮影最終日だったが、とても身を入れて撮影することはできなくなっていた。まぶしいほど美しいイングランドの牧歌的な風景が絵空事のようにしか思えず、こんなところにいる自分がまったく意味のない存在に思えてならなかった。

衝撃的な映像を目にしたのは、その夜にロンドンのホテルでテレビをつけたときだった。福島第一原発一号機の水素爆発の第一報と爆発の瞬間の映像を英国のテレビ局が報じていたのである。いっしょにいた折笠がポツリとつぶやいた言葉がぐさっと突き刺さってきた。

「これはまずいっすよ」

そしてこちらから目をそらし、さらに小さな声でこう言った。

「やばい、ほんとうにやばい。終わったな」

折笠は事態の深刻さを痛いほど感じていた。彼の育った福島市では小学生のころから社会科の課外授業で原発の安全性を植えつけるビデオを見せられていたそうで、その絶対的な「安全性」を頭に叩き込まれていた。今でもビデオの中で流されたフレーズ「厚さ六〇センチメートルのコンクリートの壁に守られて……」云々のくだりは暗唱できるくらいである。それだけに「安全神話」の崩壊は、私よりも数段切実だった。

そのとき私は、折笠の言葉の真意をつかみきれずにいたことを告白しなければいけない。確かに映像は衝撃的だったが、そのことがもたらす意味について、リアリティーをもって実感できなかったのである。我が身がまだ、どこか原発問題から遠いところにあったことは否めない。恥ずかしいばかりである。

折笠は言葉を続けた。

「そんな『安全』なものが爆発するなんて……ぼくにとって『あり得ない事態』ですよ」

切実に訴えかける折笠の言葉にようやく事の重大さに気づいた。

これはまさに天災に連鎖した人災だった。

日本に早く帰らなくてはと思ったものの、飛行機がスケジュールどおりには飛んでいなかった。ロンドンでは日本に関しての流言飛語が飛び交い、テレビではどのチャンネルも津波と原発の映像をクライマックスで編集し繰り返し流し、さらには「Apocalypse Now」(ヒット映画のタイトルでもある。邦題「地獄の黙示録」)というタイトルで被災地の映像が流されるなど、混沌とした状態だった。恐怖と焦りを感じ、同時に取材者として、その場にいなかった自分、東京の揺すら感じていない自分、さらには原発事故のリアリティーすら感じることができていなかった「不在者意識・当事者性のなさ」の情けなさが入り交じり、複雑な心境だった。

そんな気持ちを抱えながら帰国したのが三月一三日のことである。職場に到着したところ、ちょうど大森さんや七沢さんが福島に行く荷物をパッケージするため、走り回っていた。私は、「いっしょに行かせてください」とのど元まで出かかった言葉を飲み込んだ。

放射線を浴びると、自分の体はどうなるだろうか。健康を害するのではないか。そんなことが考えとして浮かびあがってきた。そして次の瞬間には家族の顔が……。

つまり保身である。正確に言うと、言葉を口にするほどの勇気がなかったのだった。それでいて胸の中では行かなくてはという思いも湧いては消え、そしてまた湧きあがり……心そのものが交錯していた。

そんな私が『ネットワークでつくる放射能汚染地図』の制作に関わるようになったのは、英国でロケした番組が完成した四月一一日、まさに震災から一ヵ月目の日だった。スタジオから居室に帰ると早くから原発取材にあたっている大森さんが「今日で終わりか。じゃーおまえも明日から福島だ！　明日から福島にいっしょに行くぞ！」と声をかけてくれたのが直接のきっかけだった。私に拒絶の選択肢はなかったようで、すでにスタッフリストに名前は書き込まれていた。ちょうどこの日、木村真三さん、七沢さんも職場に来ていて、いろいろと福島の現況についてレクチャーを受けることもできた。ある種首根っこをつかまれ、福島へと向かうことになったのである。

むろん、原発問題に本気で取り組んだことがなかった後ろめたさはあったのだが、ようやく福島に行けるという気持ちがまさっていた。こうして私は大森さんの補佐として主に浪江町赤宇木集落と葛尾村の取材にあたることになったのである。

プルトニウムが見つかった

大気中の汚染度を測るため、岡野眞治さんと木村真三さんが福島へと乗り込んできたのは、私が取材に参加して一週間後のことだった。余談ではあるが、時を同じくして折笠も自ら名乗りを上げ、取材チームに加わっていた。「故郷の様子をしっかりと伝えたい」との思いが彼を支えていたことは言うまでもないだろう。

木村さんが、福島第一原発から一・七キロメートル地点の大熊町の車道脇で、土壌を採取したのはその翌日のことである。

木村さんは、ある猛毒物質がこの無人となった住宅地の土には含まれているのではないかと考えていた。

プルトニウムである。放射性物質の中で最も毒性が強いとされている物質で、プルトニウム二三九の場合、半減期は約二万四〇〇〇年。呼吸器に入ると肺ガンを起こす危険性があるといわれている。プルトニウムは、それまで福島第一原発構内以外では見つかっていなかった。

土壌サンプルが送られることになったのは金沢大学の環日本海域環境研究センター内の低レベル放射能実験施設である。ここには特殊な分析ができる測定機が備えられており、プルトニウムの測定ができるのだった。

さっそく私は木村真三さんとともに石川県の小松空港に飛び、金沢大学に赴いた。来意を告げると、出てきたのが環境放射線測定の専門家・山本政儀教授である。

白衣をまとった山本さんは、ボサボサな長髪に、何かに飢えたような光を両眼にたたえた、まさに「科学者（サイエンティスト）」といった風貌だった。山本さんの専門はプルトニウムなどのアルファ線を放出する放射性核種の分析、測定法の開発で、これまで旧ソ連核実験場セミパラチンスク周辺の環境放射能汚染と周辺住民の被ばく線量調査をするなど日本国内に留まらない活躍を続けている。

挨拶もそこそこに、山本さんは私たちを研究室に迎え入れると、パソコンのデータをプロジェクターに映し出し、学会で発表したプルトニウムにまつわる研究成果を専門用語を交え、一時間ほど、休みを挟むこともなく、一気に語ってくれた。むろん木村さんにとっては興味深い話だったようで、しきりに頷いているのだが、正直私には難しく、ほとんど理解したとは言い難かった。それでもプルトニウムがいかに恐ろしい物質であるかを認識させられ、同時に山本さんがこれまでいかにプルトニウム研究に深く取り組んできたかも痛感させられた。

山本さんが次に案内してくれたのが、実験施設の端に位置する部屋だった。入り口の標識にプルトニウムを扱う注意事項が書かれており、急に背筋に寒いものをおぼえた。そこがプルトニウムを分析する部屋だった。どのようにプルトニウムを土壌から抽出し精製するのか、山本さん自ら、そのプロセスを実際に見せてくれることになった。

物質に直接触れないように手袋をした山本さんは、神妙な顔でビニール袋に入った土壌サンプルを持ってきた。プルトニウムを抽出するには、まずはサンプルを計量し、硝酸と少量の過酸化水素水を入れ二時間にわたり二回加熱抽出する。土壌からプルトニウムを完全に分離するためである。

さらにプルトニウムを他の不純物から分離して、電着セルを用いてステンレス板上に電着させる。これをアルファ線測定装置にかけ、誤差を小さくするために二、三週間じっくりと時間を費やして真空状態の中でプルトニウムのアルファ線を測るのである。

慎重に測定を進めるために、プルトニウムが極微量の場合、より時間がかかるという。今回の場合は三週間ほど必要だと山本さんは言うのだった。

このため、五月一五日に放送した『ネットワークでつくる放射能汚染地図』では、金沢大学に土壌サンプルを分析に出していることだけを告示、プルトニウムの有無に言及することはなかった。

検出されたプルトニウム

はたしてプルトニウムは検出されるのだろうか？

視聴者の反響も大きく、急遽、『放射能汚染地図』続編の制作が決まり、私が取材担当となった。もともと文系出身で難しい化学物質名などに不案内な私には不向きな仕事と思われたのであるが……。長年にわたって原発取材の経験を積んだ七沢さんがいっしょに取材制作をしてくれることになり、私は七沢さんとともに取材にあたることになった。

五月の終わりに、分析結果が出たという報せを金沢大学から受けた。山本さんによると、思ったよりも高い数値であるが、微妙な判断レベルにあり、詳細は来てから説明するという。さっそく金沢大学に向かった。

私たちを迎え入れた山本さんは挨拶もそこそこに、「ちょっと難しいね」とひとこと言うと、パソコンのデータをプロジェクターに投影、プルトニウムに関するレクチャーを始めたのだった。当初、私たちの番組に関するものだと思い聞いていたのだが、どうやらそれとは別の研究であることがだんだんとわかってきた。

レクチャーの内容よりも「ちょっと難しいね」という意味深な言葉も引っかかり、気が気でなくなってきた。横にいる七沢さんを盗み見ると、どうやら彼も同じ気持ちを抱えているようだった。時間はどんどんと経っていくのだが、山本さんは木村さんが採取した土壌の測定結果になかなか触れてくれない……。

一時間ほどして、こちらのリクエストに応える形でようやく測定数値を見せてくれた。

現在一般環境中には過去の大気圏核実験で土壌に落下（グローバル・フォールアウトと呼ばれている）したことによって、四種類の同位体プルトニウム二三八、二三九、二四〇、二四一が広く存在している。

プルトニウム二四一だけがベータ線を放出し、他の三つがアルファ線を放出する。プルトニウム二三九と二四〇のアルファ線のエネルギーが似通っているので、今回の測定では区別せず、その合計（プルトニウム二三九＋二四〇）とプルトニウム二三八を区別し、測定する。

土壌の中にあるプルトニウム二三八量とプルトニウム二三九＋二四〇量の比率を比べることで、そのプルトニウムがグローバル・フォールアウトによるものかどうか判断するのだ。通常、このプルトニウム二三八とプルトニウム二三九＋二四〇の放射能比は〇・〇三ほどなのだが、今回採取されたサンプルの測定値は〇・〇五九（誤差±〇・〇〇九）。約二倍の値だった。

実際に、原発の敷地内の土壌では〇・〇三より遥かに高い二前後の値が検出されている。

山本さんは、今回検出されたプルトニウムは、おそらくグローバル・フォールアウトに極微量の福島原発事故由来のプルトニウムが混ざって検出されている可能性が高いと推定していた。しかし、慎重な山本さんは、これだけでは決定打にならないとの思いを同時に抱いていた。それが「ちょっと難しいね」の言葉につながっていたことに私はようやくこの時に気づかされた。

ちょっと難しそうな表情で山本さんは語る。

「融点、沸点の高いプルトニウムが単独で放出される可能性はきわめて低いので、たとえばニオブ九五などが検出されていたら確実なんですけどね」

ニオブ九五は、融点や沸点が高く、核燃料が溶融しなければあらわれない物質だった。山本さんの言葉を聞いて、私の横にいた七沢さんの顔色が変わった。

「実はニオブ九五は検出されているんです」

そういうと、七沢さんはデータを取り出し山本さんに説明を始めた。採取時期は異なるものの、今回サンプルを採った大熊町のポイントより遠くの地点でニオブ九五は検出されていたのである。データをしばらく無言で見つめていた山本さんは大きく頷き、「バリウムも出ているじゃないですか。それなら間違いない」と言い、さらに「プルトニウムは、原発から極微量ではありますが、他の融点、沸点の高い元素と共に出たものと推定しても間違いはありません」と言った。そしてあらためてこう言い切った。

「ニオブとかバリウムとか融点や沸点の高いものがサンプルの中にあるということと、レシオ（比率）が若干高くなっていることも考えあわせると、このプルトニウムが福島第一原発のどの原子炉から放出されたかはわからないけれども、そういう可能性が高いと思います」

しかし、今回検出されたのは数値としては高いものではないと山本さんは語り、こう続けた。

「極微量だから、このまま人体に影響や害を与えるレベルではないが、これが出たことは今後、メルトダウンなど原子炉の中で何が起こったかを探る大きな要素となりますね」

大熊町の住宅地で検出された原発由来のプルトニウム。このことはどのような意味を持つのだろうか。私は七沢さんとともに三人の科学者に面会してその見解を聞くことにした。

コア・コンクリート反応

まず向かったのが、茨城県ひたちなか市である。高速を降りて市街地に入ると、あちこちの住居の屋根がブルーシートで覆われている景色が目に飛び込んできた。震災の揺れが、この地ではかなりひどかったことがわかる。

住宅地の一画に、自宅を兼ねた私設の研究所「株式会社社会技術システム安全研究所」はあった。主宰するのは田辺文也さん。元日本原子力研究所の研究員で、アメリカのスリーマイル島原発事故に始まり、チェルノブイリ、東海村ＪＣＯ臨界事故などに、事故解析と安全性の研究の面から携わってきた原発の安全研究の第一人者である。書斎の本棚を指さしながら、人のよさそうな笑顔を浮かべながら田辺さんは口を開いた。

「震災の当日は揺れがひどくて、このあたりの本は全部崩れてしまいました。茨城北部は震度六弱でした。私はちょうど階下にいて、一生懸命、テレビを抱えて倒れないようにしました。女房は食器棚を支えていましたね。いま考えてみると相当危険でしたね」

今回の事故が起こって田辺さんは、圧力容器の冷却水が蒸発などによって失われ水位が下がり、燃料が蒸気中に露出、高温になって溶融してしまう「炉心溶融」が起き、その溶解炉心が圧力容器の底に落ちてしまう「メルトダウン」を引き起こした、と早い時点から指摘してきた。彼の話をもとに、三月の終わりの朝日新聞には炉心溶融を示唆した記事が掲載され、翌月にはインタビュー記事が載った。

柔和な表情とは裏腹に、田辺さんは怒っていた。これまで安全研究の専門家として、ことあるごとに「原子力村」の住民に苦言を呈してきたが、無条件的に原子力が国策として推進されていく中で、田辺さんの研究は異端とされ、その意見が受け入れられることはなかった。

「過去の事故から学ぶべし」とも繰り返し発言する田辺さんだが、それは自身の反省でもあるという。一九九九年の東海村ＪＣＯ臨界事故の原因分析の結果をふまえ、安全規制のあるべき姿を訴えてきたが、結局は原子力業界のルールを変えられなかった。せめて自分にできることは何かと悩んだ末、本にまとめて発表することを決意する。このときの研究から重大事故を防ぐための教訓は何だったのかを多くの人に伝えようと原稿に向かったところ、福島の事故が起きてしまった。

「『ああ、間に合わなかった』という後悔の念がはしりました」

今回の原発事故は、田辺さんは、「原子炉内で起こったことはすべて教科書に載っているような『想定内』の物理プロセスだった」と主張してきた。しかし事態が悪化していく中、原発のプロたちは正確な認識も的確な対処もできず、大学教授らは楽観的なコメントを出し続け、誰も「王様は裸だ」と言わなかったことに田辺さんは忸怩たる思いを抱いていた。そして何よりも嘆かわしかったことは、非常事態であるにもかかわらず、一部の人々が重要なデータを抱え込んでしまい、多くの叡智を結集できなかったことだった。

「東電も保安院など政府関係者も自分たちで事故対処できないとわかったなら、その時点でデータを広く開示し、国内の専門家、外国の専門家を含め外部に広く叡智を求めるべきでしたが、それがまったくなかったですね。日本の専門家すら集められませんでした」

原子炉がメルトダウンを起こしていたことなど、田辺さんならずとも専門家たちなら三月の時点でわかっていたはずだと田辺さんは語気に力を込めた。

「さらに東電や保安院は炉心溶融が起きていることを知りながら隠ぺいして、事故を小さく見せようとしていた。まったく信じられない事態です」

さて、今回プルトニウムが検出されたことを田辺さんはどのようにとらえているのか。

「原子炉内の冷却水が失われる中で炉心が溶融し、プルトニウムも溶け出したと考えています。燃料が溶融しなければ、プルトニウムも含めてテクネチウムであるとか、ルテニウム、ジルコニウム、そういう沸点が三〇〇〇度以上ないし近傍のものは出てきませんから、それは明らかに燃料が溶融した証拠であると考えられます」

プルトニウムは揮発しにくく、比重も大きいため、原子炉から外に出にくいと言われている。それを可能にしたものは何か？

田辺さんが想定するのは「コア・コンクリート反応」。メルトダウンした核燃料が格納容器に流れ落ち、底部にあるコンクリートに接触することにより、エアロゾル（噴霧質）状の煙が発生し、プルトニウムはその煙に運ばれて格納容器の破損箇所を通って外に出たというのだ。

「教科書に載っている計算結果から単純に換算すると一基あたり数十キログラムのプルトニウムがコア・コンクリート反応で格納容器にエアロゾルとして放出される。その値はどれだけの核燃料が格納容器に流れ落ちたかということに依存するわけですが。そのエアロゾルが格納容器の外に出てくるというのが、いちばん運ばれやすいシナリオです」

プルトニウムを含むエアロゾルはいつ、どの原子炉から飛び出したのだろうか。

田辺さんが怪しいとにらむのは、三月一六日や二一日などに原発から立ちのぼった白煙である。

「二号機だと三月一六日に圧力容器が破損したと考えられるのですが、三号機だと三月一四日にたぶん第一回の圧力容器の貫通が始まったと思う」

田辺さんの炉心溶融の指摘にもかかわらず、東京電力がこの事実を発表したのはじつに震災から二ヵ月以上たった五月二三日のことだった。

三号機は三月一三日午前七時ごろから水位が低下、一三日朝には損傷が始まった。水がなくなった場合は、一四日午前三時ごろには大部分の燃料が圧力容器の底に落ち、その後格納容器側にも一部落ちたとされる。二号機は三月一四日午後六時ごろから水位低下し、二時間後には圧力容器の底に落下したという。

「そのあとに最初の溶融炉心とコア・コンクリート反応が起こっても不思議ではないですね」

採取した土壌データの中で田辺さんが注目するのは、原発から五〇キロメートル離れた地点でテクネチウム九九mが検出されたことだ。この物質はマンガン族元素の一種で比重が大きいのが特徴である。揮発しにくい比重の大きな物質が長距離移動した事実は、プルトニウムもまた遠い場所まで拡散した可能性を示しているという。

「今、検出されたものが微量であったから大丈夫だということではない。ホットスポットが周りにある可能性があるということです。もっと調査点を広げて、プルトニウムも含め、きちんと汚染を調べる必要がありますね」

田辺さんが土壌でのプルトニウム汚染と同様に危惧しているのが、海洋、とくに沿岸海底のプルトニウム汚染だ。なぜならば、重いプルトニウムは空気よりも水に乗って運ばれやすいからで、第一原発の放射能汚染水に低くはない濃度のプルトニウムが含まれている可能性が高いからだという。なぜか汚染水のプルトニウムに関するデータは全然公表されていないという。

田辺さんが、「これは最悪のシナリオだが安全のためにはそれを前提に調査すべきだ」と強調していたことが印象的だった。

田辺さんの家を辞去した私たちは、新宿にある非営利の調査研究機関・原子力資料情報室に向かった。同室の理事で、核化学者の古川路明《みちあき》さんとアポイントを取っていたからだ。

原子力に関する各種資料の収集や調査研究などを行い、それらを市民活動に役立つように提供している原子力資料情報室。壁の棚には、スリーマイル島以来の研究のデータがファイル化され、ところ狭しと並べてあった。

名古屋大学名誉教授でもある古川さんは現在七八歳。一九五四年、ビキニ環礁の水爆実験に衝撃を受け、核化学の道に進んだ古川さんは、精力的に全国をまわり原子力発電所に関する講演を行っている。

今回採取されたプルトニウムの由来に関して古川さんは、田辺さんとは別の見解を持っていた。プルトニウムは原発から水分とともに飛び散ったものと考えていたのである。

「プルトニウムが水のない状態で固体で出てくるのは難しいのです。ましてや沸点を超えて気化したことはないでしょう。だから、水素爆発のときに水といっしょに飛散したのではないでしょうか」

プルトニウムが検出されたということは、他の多くの種類の放射性物質が同様に飛び散っていることを示していると古川さんは指摘する。

「核燃料の中に入っている、極端に言えば、すべてのものが出ていてもおかしくありません」

そこまで言うと古川さんは速射砲のように単語を並べた。

「核燃料のウラン、アメリシウムとかキュリウム、セリウム一四四、ジルコニウム九〇、あるいはネプツニウムとか」

科学知識のない私にとって聞いたことのない名前ばかりである。そして恐怖を感じざるを得ない物質名の数々である。

「だから核燃料の中に入っているものが何でも出て、その中でプルトニウムがつかまっている。他のものもきっと出てくると思います」

プルトニウムが検出されたということは、今後の対応が大事だと古川さんは説く。

「今後、ひじょうに大変ですね。その土地を利用しようというなら、表層土を取って、出てきた新しい土をさらにていねいに調べる必要があります」

こうしてプルトニウムの由来に関して「コア・コンクリート反応」と「水分とともに飛散」という二通りの説を得ることができた。

それでは、今後私たちは、核とどのようにつきあっていったらいいのであろうか。また私たちがなすべきことは何なのか。三人目の科学者の意見を聞くため、私たちは大阪へと向かった。

マクロの視点とミクロの視点

大阪府の泉南・熊取にある京都大学原子炉実験所。ここで原子力安全研究を続け、原発の危険性や原発事故のもたらす被害の実態について、内外に発信し続けている科学者がいる。

今中哲二助教。今中さんは一九八六年に旧ソ連で起こったチェルノブイリ原発事故についての包括的な研究を二五年にわたって続けており、自ら汚染地帯に何度も足を運んできた。

五月末、私たちが取材に訪れたときには、ちょうど厚生労働省の研究官との打ち合わせの最中だった。今中さんは、その合間を縫って取材クルーが待機する会議室にやってきた。調査に加え取材も続き、睡眠時間も取れないのだと独りごちるように嘆いた。

今中さんは福島原発事故後の三月末に、広島大学や日本大学の科学者とともに調査に入った飯舘村の土壌データなどから考えると、チェルノブイリと異なり福島ではプルトニウムの放出は少なかったと見ていた。

「原子炉が核暴走した結果、巨大な爆発が起こったチェルノブイリでは、高い温度になって燃料が溶け、ほとんどの放射性核種が外に出た。その結果原発から半径三〇キロ圏内にはかなりの量のプルトニウムやストロンチウムが落ちました。しかし福島では炉心の温度はそこまで高くなっていなかったから、融点の高いプルトニウムやストロンチウムの放出は少なかったと考えていい。福島では、汚染の中心はあくまでセシウムであるから、対処の仕方はそれほど難しくはないだろう」

田辺さん、古川さんとはまた違う、自ら現場に出向いて調査した実感を重んじた分析だった。

さらに今中さんは「ポスト・チェルノブイリ」「チェルノブイリ後」という言葉があるように、私たちは「ポスト・フクシマ」というべき時を迎えている、という。私たちはすでに「放射能汚染の時代」に入っているのであり、そうである以上は汚染の現実を直視して未来の選択をするべきだ、というのだ。

「これから福島の汚染地帯でどうするのか。避難した人、どうしても家に帰りたい人、戻るのが嫌だという人もいるだろうし。まず向き合うためには汚染データを、まさに一軒ずつ採る必要がある。村、家ははたして住むのに適しているのか、その判断が問われているわけです。まず考えるベースは汚染レベル、次に放射能汚染によってどれくらい被ばくするのか、これもきちんと評価していかねばならないんです」

そして、表情は温和だが、厳しい言葉で締めくくった。

「住んでいる人、住んでいた人が決めるような形で情報や知恵を提供する責任が、本来は東京電力にあります。そして原子力政策を進めてきた日本政府にもあるのです」

六月初旬、すべての取材を終えた時点で、木村真三さんと面会する機会を持った。今回原発敷地外の住宅地でプルトニウムが検出されたことで木村さんは、チェルノブイリと同じくプルトニウム汚染が現実のものになったと感じたという。

「確かに今回はわずか一ヵ所だったけど、今後広範囲に調べていく必要がありますよね。ただ、チェルノブイリと大きく違うのは原発が水蒸気爆発を起こしていない、だから大規模な核燃料の放出は起きていないということです」

この日、木村さんは、三枚の地図を持ってきてくれていた。一枚は広範囲の地図で、二枚目はそれより狭い地域の地図、最後は人口五〇〇人ほどの村落の地図だった。それぞれの地図はいくつかの色で色分けされていた。

木村さんは、一枚目の地図を広げた。それはウクライナ、ロシア、そしてベラルーシの国境から一万キロメートルの範囲の地図だった。数種類の色が着けられているのだが、それは汚染の濃度の高低を示していた。旧ソ連で作られたチェルノブイリ原発から拡散した放射能の汚染地図だった。

「このように放射能は国境も軽々とまたいで広範囲に拡散しました。だからこのような広範囲にわたって調査し、それを分布図にすることは必要です。どの方向に汚染が拡がっているのか、どの地域の汚染がひどいのかがわかれば避難が迅速にできるのです」

ただこれだけではとうてい十分ではないと木村さんは言い、二枚目の地図を取り出した。それは木村さんがこれまでフィールドワークの場にしてきたウクライナのジトーミル州ナロージチ地区のものだった。日本でいう郡部にあたり、一町三四ヵ村に三万の人々が暮らしていた。チェルノブイリ原発の西方七〇キロメートルに位置し、事故後二日目に風向きが変わった影響で、毎時三〇ミリシーベルトの放射能に汚染されたという。しかし、この地域は幸い雨や雪が降らなかったことで、土壌汚染が一九九一年に作られた汚染区分の中で、最も濃厚な第一ゾーン（立ち入り禁止区域）のレベルに達した村々は四ヵ村と少なかった。

その郡単位の地図も色づけされており、放射能汚染の高低が示される。

「郡単位でも当然ながら、地区によって汚染のばらつきがあることがわかりますよね。汚染レベルによって、作付け制限などの内部被ばく低減化や住民の移住対象地域を判断する材料になります」

さらに木村さんが見せてくれた三枚目の地図がそのナロージチ地区の村落のひとつ、バザール村のものだった。この村の人口はおよそ五〇〇人。そこでは家一軒単位でデータが採られ、それが色分けによって地図に反映されていた。狭い地域にもかかわらず色の濃淡があり、汚染が一律でないことが一目でわかる。いちばん高いところは、チェルノブイリの第一ゾーンと同じレベルであるという。

「限定された地域でも同じことが言えます。汚染のレベルがわかれば、除染可能な場所であるかの判断材料となり外部被ばくの低減化につながります」

地図の作成年は不詳である。しかし残念なことがあると木村さんは言う。

「せっかく家単位の汚染まで調査して、マッピングできたにもかかわらず、この地図は住民たちの暮らしには生かされていないんです」

この村落を束ねる自治体の長に木村さんはインタビューをしたことがあるのだが、五年間同職にあるというのに彼はこの地図の存在すら知らず、まして住民は誰もわかっていなかった。つまりこの汚染地図は研究のためにだけ存在し、住民のためには使われなかったのだ。木村さんは嘆くように語った。

「本来は住民のためにあるはずの汚染地図が、政府や行政の都合で見捨てられることがあってはならないのです」

田辺文也さんの語ってくれた言葉が思い出された。データは一部の人たちだけで握っていては意味がなく、多くの人たちが有効活用して初めて意味を持ってくるものなのだ。

木村さんは最後に念を押すように語った。

「マクロの調査、ミクロの調査にはそれぞれ異なる意味があり、住民の対応が異なるのです。そしてそれを住民にきちんと提示することこそが、住民を放射能汚染から守ることになります。それが、国への信頼へとつながっていくのです」

研究者も襟を正すべきと木村さんは続けた。

「この国で起きていることは、国や行政だけが悪いのではなく、研究者が政府の言いなりになることを条件に論文として発表することで、自己の地位や名誉を研究業績という形で評価されるシステムに甘んじていることが問題なんです。研究者である前に人としてあるべき姿を見誤ってきたシステムを金科玉条とする習わしが招いた人災なんです。あまりにも愚かな行為です。多くの研究者がその過ちにすら気づいていないか、気づいていても、その呪縛を自己の意志で断ち切ることができないでいるのが問題なんです」

みんな怒っている……。そして前を向いている。

取材を通じて話を聞くことができた科学者たちは、アプローチこそ違えど、それぞれの立場から真摯に、そして執念深く原発問題に取り組んでいることを痛感した。しかし、問われるのは我々である。「放射能汚染の時代」に入ってしまったこれからは私たち一人ひとりが、この問題に目をそむけることなく取り組むことが彼らの研究成果を生かせるかどうかの分かれ道なのだろう。

故郷への思い

いま私は、一〇〇年前に起きたある事件を調べているところである。

足尾銅山鉱毒事件。足尾銅山採掘で生じた鉱毒水が渡良瀬川を伝って下流の村落に広がり、多くの被害を出した「日本の公害事件第一号」とされる事件である。このとき、渡良瀬川流域で生計を立てていた農民や漁民たちに正確な事態は知らされなかった。その結果、住民は大きな健康被害を被り、命を失った人たちも多々いたという。しかし当時の明治政府は、足尾銅山の操業を停止する代わりに、渡良瀬川下流の谷中村に巨大な遊水地を作り、そこに鉱毒を溜める計画をたて実施した。谷中村は強制廃村になり、谷中と周辺町村の住民たちは、移住させられてしまった。

その谷中村の跡地に足を運んでみた。すでに日は傾き始めていたのだが、見渡す限り生い茂るススキの穂が西日を浴びて黄金色に輝く景色は美しく哀しかった。ここにかつて人が住んでいたことを伝えるものは、訪れる人もいない墓地の墓石くらいしかなかった。

谷中村や周辺村落に居住していた人々のうちおよそ七〇世帯が移住したのが直線距離にして九〇〇キロメートルあまり離れる北海道のサロマベツだった。彼らは原野を切り開き、そこに新たなコミュニティー「栃木集落」を作り、故郷とまったく異なる寒冷地を開墾し、生活をスタートさせた。

現在も栃木集落は存続しており、子孫たちが住み続けていることを知り、私は年に一回開かれる例大祭に参加した。神主があげる祝詞《のりと》を聞いているとき、この土地の過去が偲ばれたのと同時に、福島の人たちの顔が浮かんできた。

三万羽もの鶏を餓死で失いながらも、その場所を懸命に守ろうとしていた高橋養鶏場のご主人、高橋潔重さん、「この牛をほっぽり出してよそに行くなんてことは考えられねえ」と自慢の牛を見せてくれたS牧場のご主人、「この場所がいちばんなんだよ」とにこやかに笑っていたみどりおばあさん、心臓病により家を離れられないでいた青木さん、赤宇木地域の世話を焼いて東奔西走していた瀬賀さん、わが子のように大切にしていた馬を手放してしまった葛尾村の篠木さん、赤宇木の集会場で共同生活をしていた皆さん。みんな、故郷を愛していた。そしていま、その故郷にいつ帰ることができるのかまったくわからない状況の中にいる。

足尾銅山鉱毒事件から一〇〇年たったというのに、同じような「人災」が処を変えて再び起きてしまったのである。

震災から半年以上経ったいま、あのときの混乱がまるで嘘だったかのように活気を取り戻している東京に暮らしながら、思い悩むことがある。私は福島が語りかける問題から目をそらしているのではないか、と。

しかし、執念を持って本質的にこの問題に取り組んでいる人々、故郷を離れながらも必死で生活をしている人たちのことを思い浮かべると、私自身、つねにこの問題に立ちかえり、考え、悩み続けないといけないと思う。

背を向けることなどは許されない——。

表現の仕事の現場に突きつけられた、あまりにも大きなテーマに、いかに取り組んでいくかで自分の残された人生のすべてが決まる。

第九章

人体への影響を測る

——木村真三博士と二本松市の挑戦

山口智也

〝中通り〟を襲った放射能

文部科学省が五月六日に公表した航空機モニタリングの地図がある（巻頭カラー図6参照）。まず目に入るのが原発の北西に広がる赤や黄色の高濃度汚染地帯だ。それは二〇キロメートル圏の警戒区域や三〇キロメートル圏の緊急時避難準備区域（九月三〇日に解除）、飯舘村などの計画的避難区域に重なる。

そして次に汚染度が高い緑色が避難区域の外側、三〇キロメートル圏の南西部・川内村といわき市の志田名地区にまたがる場所と、北西方向六〇キロメートル圏の伊達市と福島市にまたがった場所に飛び地のようにしてある。

その次水色が福島市から二本松市、本宮市へと南西方向の広い範囲に延びている。それは六〇キロメートルのラインを遥かに越え、八〇キロメートル圏の白河市にまで達している。

水色は、空間線量率で毎時一・〇～一・九《マイクロ》シーベルト、土壌に蓄積したセシウム一三四と一三七の合計が一平方メートルあたり三〇万～六〇万《ベクレル》のエリアだ。目立たない色のため印象に残りにくいが、この水色のエリアを含むアルファベットのAの字形が汚染地帯として浮かび上がってくる。避難区域から大きくはずれた〝中通り〟に汚染地帯が広がっている。

五月の公表当時、この地図の意味するところを正確に理解できた人はどれぐらいいただろう。

チェルノブイリでは、セシウム一三七が一平方メートルあたり一八万五〇〇〇～五五万五〇〇〇ベクレルの汚染地域で避難の権利が認められ、五五万五〇〇〇ベクレル以上が移住義務地域に指定された。汚染から五年後に決められたため半減期二年のセシウム一三四を含まない指標となっているが、参考になる数値だ。

セシウムが一平方メートルあたり三〇万～六〇万ベクレルのレベルにある水色のエリアは、チェルノブイリでいえば避難の権利が認められるか、移住の義務が発生する地域に相当する。これはけっしてその色が与える印象のように、危険度が低く見過ごされていい汚染地帯などではない。それどころか、人がここに住んでいいのかどうかが問題になるような深刻な汚染なのだ。

しかもそこは東北自動車道や東北新幹線が縦断し、県庁所在地の福島市（三〇万人）や郡山市（三四万人）など人口の多い都市部が集中する県の中枢部、〝中通り〟だ。

放射能の雲は原発から五〇～八〇キロメートル離れ、およそ一〇〇万人の人が住む中通りを襲い、雨や雪とともに大量の放射性物質を地上に沈着させた。そして、そこでは今も、人々が生活を続けている……。

遅れてチームに加わる

放射線による被ばくとはどういうものか、自分たちはどんなリスクにさらされているのか、それが人々の間に広く知られるようになったのは、事故からずいぶん経ってからのことだった。そしてそのときすでに「住民を避難させるのは年間二〇ミリシーベルト以上。それに満たない被ばくには責任を持たない」という国の方針は事実上決定されてしまっていた。

震災が起きた三月、私は「編成局衛星放送センター」に所属し四月から始まるBSプレミアムの新番組『にっぽん縦断　こころ旅』の立ち上げに携わっていた。俳優の火野正平さんが自転車で日本中を旅するという新しい番組をこの未曾有の災害の中でどのようにスタートさせたらいいのか、総合演出を担当するディレクターとして日々悩みながら過ごしていた。

しかし東京では、もっぱら計画停電に関心が集まり福島で何が起きているのかについては正確な情報がほとんど伝えられなかった。私は毎日深夜まで原発事故に関するあらゆる情報を収集しようと自宅のパソコンに向かっていた。そのときインターネットで見た情報で「これは何だ」と驚いたことがあった。

東京で毎時〇・八〇九マイクロシーベルトの放射線量が観測され大騒ぎになった三月一五日。福島市内の放射線量が毎時二四マイクロシーベルトに跳ね上がり、一六日まで二〇前後の高い数字が続いたのだ。事故前のおよそ五〇〇倍だ。しかしニュースを見ている限り、新たな避難の指示はない。福島市の人口はおよそ三〇万人。避難しなくていいのか！　原発や放射能の取材をしたことがない私にも、これは大変なことが起きているという予感がした。

そのとき木村真三博士と私の古巣でもあるETV特集の取材班は、現地で独自の放射能測定を始めていたのだが、私はそれが具体的にどういうものなのかを知らなかった。五月に放送された番組を見て驚いた。原発に近い高濃度汚染地帯の深刻さ、土地と生活のすべてを奪われた人々の現実。一視聴者として初めて実態を知った。自分も彼らの列に加わりたいと思っていた矢先、六月下旬の定期異動で私はＥＴＶ特集班に二年ぶりに復帰し、チームに加わることになった。

二本松市へ

六月二七日、『ネットワークでつくる放射能汚染地図』の第三弾として次に何を取り上げるべきか、木村さんを交えて話し合いが行われた。

汚染の可能性がありながらまだ調査の手が及んでいない地域はないか。海に放出された放射性物質の行方を追う必要もあるだろう……。そうした中で木村さんがわれわれに語ってくれたのが、中通りの二本松市で始めた新たな調査についてだった。

市長からの依頼で市民の内部被ばく調査を始めたこと（そのころ一般市民のホールボディカウンターによる検査はまだ行われていなかった）、市内の詳細な汚染マップづくりと土壌調査も行うことを説明し、明後日また二本松へ行くという。

福島県内を縦横に走り汚染地図をつくった木村さんの次の関心は、住民の被ばく実態の解明と、よりミクロな地図づくりに向かっていた。

放射性物質がどこにどんな汚染をつくり出すのかは、地形や気象条件など複雑なファクターに左右される。人々がどんな危険に晒されているのかは実際に現地へ行って測ってみなければわからない。だから測りに行くのだ。今回も単純明快だ。

私は木村さんに同行し調査の様子を取材させてもらうことにした。

でもなぜ二本松なのか……正直に告白すると、このときはまだ私自身が〝中通り〟の深刻な汚染の実態と人々の苦悩を理解できていなかった。木村さんは私に言った。

「今何より急がれるのは、現に被ばくしている人たちの調査です。政府が手を差しのべない中で、住民のためになる調査をしたい。いや、しなければいけないんです」

木村さんはこの日、いわき市の取り残されたホットスポット、志田名地区で、行政に頼らない住民たちのネットワークづくりを始めたことも語ってくれた。またすでに郡山市では「市民科学者養成講座」を開いたという。空間線量の正しい測りかたを教え、住民が自分たちの手で細かい汚染地図をつくれるようにしたい。市が調査を進める二本松でも同じことで、大事なのは住民が自ら決断して動くこと、それをサポートするのが専門家としての自分の役割なのだと、木村さんは熱く語るのだった。

私は翌日を急遽決まった取材の準備にあて、その日のうちに新幹線で福島市へ移動。翌々日、六月二九日の朝、ＪＲ福島駅から二本松市へ向かった。

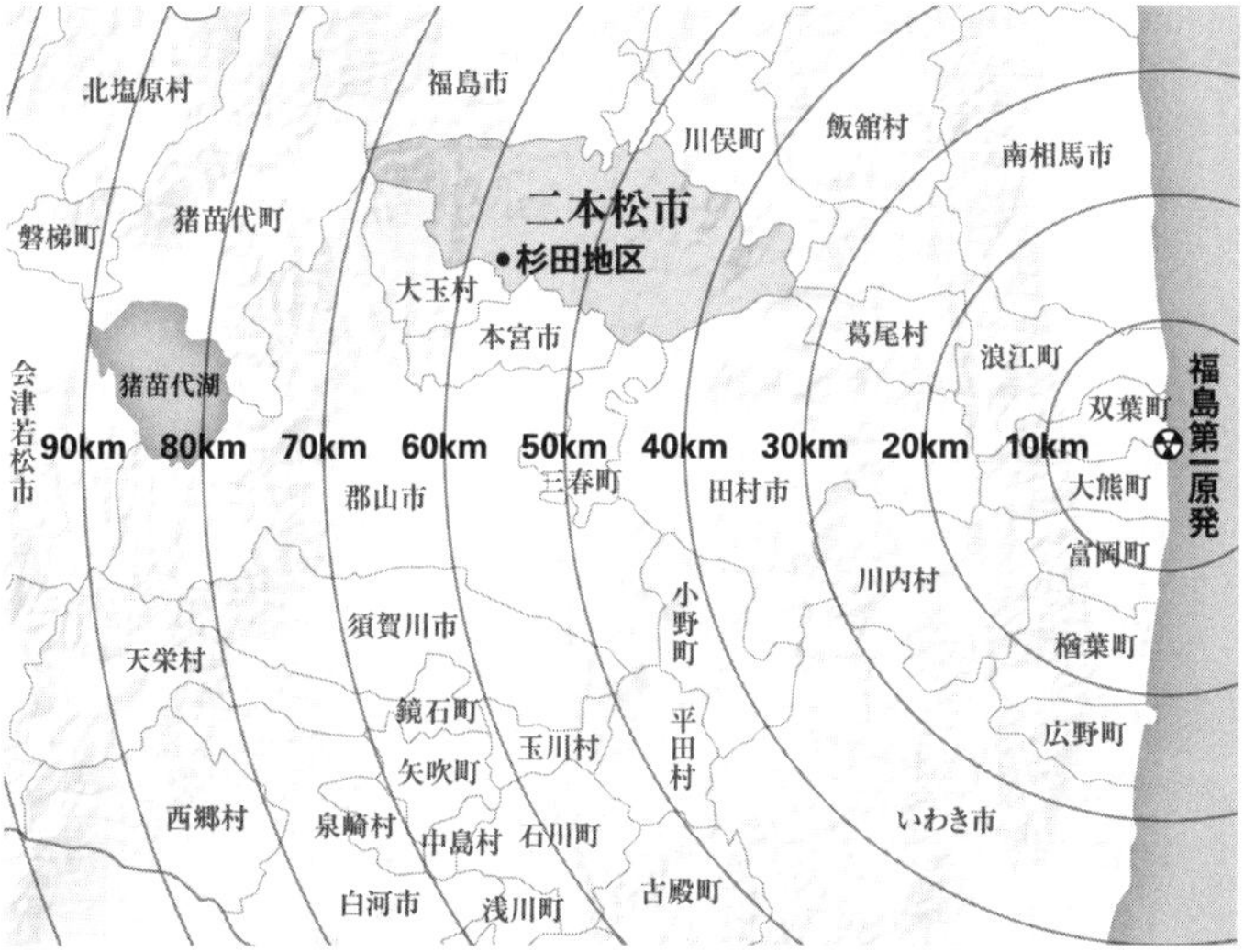

二本松市は原発から半径30km圏から70km圏まで東西に広がっている

市役所に寄せられる悲鳴

福島駅から乗った電車はラッシュ時に重なったため、大学や高校へ通う大勢の若者たちでほぼ満員だった。福島の取材の際に携帯することになっているポケット型の線量計を見ると、昨日からの一五時間の積算で〇・〇〇一ミリシーベルト（一マイクロシーベルト）。まだ東京にいるのと変わらない値を示していた。福島市内の放射線量は三月一五日に毎時二四マイクロシーベルトを記録。同じ県のモニタリングポストでこの日は一・三三マイクロシーベルトとなっていた。それでも事故前の三〇倍以上の値だ。ここで暮らし続けている人たち、電車に乗って毎日学校に通っているこの若者たちは、事故以来、どれだけの放射線を浴びたのだろう、そして、今も被ばくが続いていることをどれだけ知っているのだろう。外から来た自分だけが、身を守る線量計をこうして胸からぶら下げている。私は多少の後ろめたさを感じながら、二本松駅に降り立った。

二本松市の人口は六万一〇〇〇人。福島市のすぐ南に位置し、東の端は原発から三三キロメートル、西は七〇キロメートルと東西に長い。市役所のある中心部は原発から五〇〜六〇キロメートルに位置する。

二本松市役所を訪ねると、一階の玄関ロビーには救援物資の段ボールがまだいくつも積まれていた。二本松は原発事故の被災者を受け入れ、助けてきた町でもあったのだ。市内にはいくつもの避難所が作られ浪江町の役場も移転してきていた。

待ち合わせた木村さんと、庁舎の三階にある三〇二会議室を訪ねる。そこは震災後、災害対策本部のプロジェクトルームとなった部屋で、小型の放射線測定器が一〇台以上机にならべられていた。生活環境課の主査、竹内寛明さんが大きな地図を広げ、さっそく木村さんとの打ち合わせに入る。まだ三〇歳を過ぎたばかりの若い竹内さんが現場のまとめ役だ。

二本松市は事故直後から三保恵一市長の指示のもとで放射能対策に動き出した。県のモニタリングポストもなく情報も入ってこない中、独自に調べるしかなかったのだ。しかし市の職員で放射線を測ったことがある人は一人もいない。そして測定器もない。三保市長が国と東京電力に測定器の提供を求めたが実現しなかった。ようやくインターネットでサーベイメーターを見つけ注文したが届いたのは三月一八日。翌日から午前と午後の一日二回、職員が市役所や住民センターなど二〇ヵ所以上で空間線量率を独自に測定し市民に公開し始めた。

放射線の数値は三月中に最高で毎時一〇マイクロシーベルトを記録した場所もあったが、四月、五月と次第に下がり、六月下旬には市役所で一・三マイクロシーベルト程度となり、最初から低い値を示していた岳《だけ》温泉を除き、市内全域でほぼ一マイクロシーベルト前後になってきていた。

しかしこのころ、市役所には市民からの問い合わせの電話が殺到していた。子どもや孫の被ばくが心配なので測定器を貸してほしいというのだ。測定器の数が足りないため、すぐには貸し出せる状態になかったが、市民の声に応えるためより詳しい調査が必要なのは明らかだった。

竹内さんの話では、福島や首都圏のホットスポットを特集した週刊誌はすぐに売り切れ、コピーが出回るのだそうだ。センセーショナルな内容ほどそうだという。政府やマスコミの言うことが信用できず、何が真実なのかわからないまま人々は右往左往させられていた。

特に小さな子どもを持つ母親たちが精神的に追い詰められていると竹内さんは指摘する。子どもを外で遊ばせないのはもちろん、いまだに洗濯物を外に干さない人も少なくない。三月一一日から一度も窓を開けていないし換気扇も回していないという主婦もいるそうだ。

「泣きながら電話がかかってくるんですよ、市役所に。『どうしたらいいんでしょう。なんとかなりませんか、おかしくなってしまいそうです！』って……。どう答えたらいいんですか」

悲鳴にも似た市民の声を竹内さんは毎日のように聞いていた。

二本松市でも、インターネットなどを通じて線量計を手に入れた人たちが、あちこちで放射線の計測を始めていた。家のまわりで毎時一〜二㍃シーベルト、家の中でも一㍃シーベルトを超えたとか、通学路で三㍃シーベルトの場所があったという話も聞こえてくる。しかし測定器の誤差が大きくデータが信用できないという報道もなされるようになっていた。さまざまな数値が飛び交い数字が一人歩きする。そうした混乱が生まれていた。

人々が知りたいのは、正確な知識と信用できるデータだ。それをいったい誰が提供するのか。東電も国も県もやってくれない。二本松市は、木村さんのアドバイスを受けながら、それに取り組もうとしていた。

まずは市内全域の詳細な放射能汚染地図をつくり一日も早く市民に公開する。市長の決断だった。

メッシュマップづくり

竹内さんは、数日前から木村さんに相談してきた「メッシュマップづくり」について説明を始めた。

まず市の全域を、住宅密集地は五〇〇メートル四方、それ以外は一キロメートル四方のメッシュに区切り、それぞれ一軒ずつ住宅を選んで家の中と外で測定する。中も測るのは、住民の生活空間だからという理由のほか、木造家屋が放射線をどれぐらい遮蔽するのか、その低減率を調べるためでもある。家のないところはメッシュのできるだけ中央で測る。そうしてマップが完成すれば、汚染の高い場所、低い場所が一目でわかる。

問題は、どこでどのように測れば正確なデータが得られるかだ。竹内さんは、それを現場で木村さんから学びたいと考えていた。科学的な方法に基づく正確なデータでなければ信用されないし、今後の対策にも使えないからだ。

メッシュ調査の測定地点は全部で四七二ヵ所。六月二八日から七月一日までの四日間で測り終えるというのが市長の指示だった。

事故を起こし、人々を放射線被ばくの危険に晒しているのは東京電力と国だ。本来なら、危険な箇所を探し出し警告を発するのは国や東京電力でなければならない。被ばくは毎日積み重なっている。しかし国が放射線モニタリングの体制強化を打ち出しホットスポット把握のための測定を始めるのは七月中旬以降のことで、この時点ではまったく行われていなかった。今に至るも国による被ばく低減のためのきめ細かなホットスポット地図は作成されていない。

市民の目線で市民のために測定する、二本松市の挑戦が始まった。

南杉田地区の調査

測定二日目のこの日、竹内さんが木村さんと向かったのは、市内を流れる阿武隈川沿いの杉田地区。その南側は本宮市に接している。

実は木村さんといっしょにそこに測定に行こうと決めたのにはわけがあった。文部科学省が公表した航空機モニタリングの地図で二本松市と本宮市にまたがるその場所に小さな染みのように汚染の高い場所があったのだ。竹内さんはそれに気づいていた。

本当にそこにホットスポットがあるのか。航空機でおおざっぱに把握した汚染を、人々の生活空間で実際に測り確かめることが必要だ。それも専門家の目で正確に。竹内さんはそう思っていた。


杉田地区の南側、南杉田の一軒目。幹線道路沿いの家に入り許可をもらう。年のころ二、三歳の男の子が祖母と二人で家にいた。ちょうど一メートルの長さの棒を床に立て測定する。結果は毎時〇・五一マイクロシーベルト。屋内で測った値をその場で直接伝えると、

「測ってもらってちょっとは安心しました」

と、祖母がお礼を述べた。

家の外では、アスファルトと土壌の二箇所を選び、それぞれ地上一メートルと地上一センチメートルで測定する。土壌が汚染されていれば一メートルより一センチメートルのほうが数値が高くなる。しかし値がほとんど変わらないか逆に一センチメートルのほうが低ければ、どこか遠くから放射線が飛んできていることになる。

この家の場合、庭の土の上一メートルで毎時一・〇一マイクロシーベルト、一センチメートルで毎時一・九三マイクロシーベルトと、土壌の汚染が確認された。家の前の舗道の上では、一メートルで〇・

八五マイクロシーベルト、一センチメートルで〇・九二マイクロシーベルトとほぼ変わらなかった。アスファルトの上のセシウムは雨などで流され汚染が少ないことがわかる。

この家でも子どもを外で遊ばせないようにしていた。土いじりも禁じているという。

「この小っちゃい孫が外に出たくて出たくて……」と言う祖母に、木村さんはアドバイスをした。

「三〇分か一時間くらいだったら外で遊ばせるのはいいと思います。心のバランスが大切なので、ストレスを溜め込むよりは外で遊ばせて、その後は手洗いをするかシャワーを浴びる。土やほこりを落とすことが大事です」

測定をしに行くと、いろいろなことを聞かれる。家の庭で取れた梅は食べていいのか、子どもは外で遊ばせていいのか、マスクは必要なのか……。木村さんはそのつどていねいに答える。知らないことは知らない、わからないことはわからないという。たとえば梅は測ったことがないのでわからないと答えていたし、マスクは風の強い日はしたほうがいいが、それ以外は必要ない、土ぼこりを吸うかもしれないからだと説明していた。まるで往診に来た赤ひげ先生のように私には見えた。

そしてこの日、木村さんは測定する場所の大切さを竹内さんに教えた。

畑のように土をかき混ぜた場所では線量が下がってしまう。土壌の汚染を正確に捉えるには、事故後に土を掘り返していない場所を選ばなくてはいけない。また木村さんは、測定誤差の補正についても竹内さんにアドバイスした。木村さんの測定器と市役所の測定器で同じ場所を同時に測り、数値を比較する。そして市役所にある一台一台の測定器ごとに誤差の補正を行ったのだ。

これで木村さんがいなくても正確な数値を得ることができる。竹内さんにとって大きな収穫だった。

ホットスポット発見

竹内さんたち市の職員は、阿武隈川沿いを南下しながら五〇〇メートル四方のメッシュに区切った南杉田地区の測定を続けた。すると地上一メートルの数値が、最初のメッシュの毎時一・〇一マイクロシーベルトから、一・五三、一・六四、一・九〇と南下するにつれてだんだん高くなっていく。五つめのメッシュで二マイクロシーベルトを超えた。

そして六つ目のメッシュで選んだ家のすぐ前で、ついに毎時二・五マイクロシーベルトを超える数値が計測された。二マイクロシーベルトを超える場所は二本松でも他にほとんどない。

木村さんはチェルノブイリでの経験から、空間線量が毎時一マイクロシーベルトを超える地域は健康監視区域にあたり、住民の健康を長期にわたってチェックしていく必要があると考えている。さらに汚染のレベルが高くなり毎時二マイクロシーベルトを超えると、移住が検討されるべきレベルだというのが木村さんの考えだ。まさに南杉田は、木村さんの目から見てもホットスポットにあたる場所だった。竹内さんの予想があたり、航空機モニタリングの調査結果が実際に確かめられたことになる。

毎時二・五マイクロシーベルトを記録した場所は、阿武隈川の堤防と、家の前を通る道路の間の草むらだった。風の通り道となる川沿いのこの場所に放射性物質が運ばれてきて雨が降ったため、ここに濃い濃度で沈着したのではないかというのが木村さんの推測だった。

　ここは町から少し外れ、まわりに田んぼや畑がある静かな場所だった。渡邊丑一という名前の表札が掛かっている。家の中で測らせてもらうため竹内さんが玄関先で声をかけたところ、妊娠中の若い女性が応対に出てきた。この家の娘さんで、赤ちゃんを産むために里帰りしているという。ここが汚染レベルの高い場所だとは知らずに暮らしていた。

　一階の居間で測った結果は毎時〇・九三マイクロシーベルト。屋内ではやはり高い数値だ。測定結果を伝え、家から出てきた竹内さんが私にこうもらした。

「これはうちら（市役所）の力だけではどうにもならない問題になってますよね……」

竹内さんは、ホットスポットの真っ只中で妊娠中の女性が暮らしていることに、明らかに強いショックを受けていた。避難を勧めるべきなのではないか、でも恐怖心を与えて出産に影響が出たらどうする……。どうしようもないじゃないか……。放って置くわけにはいかない。しかし、何ができるというのか……。私も同じ気持ちだった。

　さすがに木村さんは冷静だった。娘さんの祖父母がやってきたので許可をもらい、家の裏庭で土壌を取らせてもらうことにした。高い空間線量の原因は、降ってきた放射性物質が土壌に沈着しその場に留まっているためと考えられる。金属でできた採土器を土に打ち込み、深さ三〇センチメートルまでの土を採取、長崎大学の高辻俊宏さんの研究室に送って放射性物質の量を調べてもらうことにした。

後日、分析結果が送られてきた。

セシウム一三四とセシウム一三七の合計が一平方メートルあたり一〇八万ベクレルという数値が出た。これはチェルノブイリでは移住が義務付けられる地域の汚染に相当する。この数字は汚染の高さを証明していた。そしてセシウムは地表から五センチメートルのところに九九％が集中していることがわかった。

この日測定した二四メッシュのうち、地上一メートルで毎時二マイクロシーベルトを超えたのは一三メッシュ。最も高い数値は二・九五マイクロシーベルトだった。ホットスポットは実際には一、二軒の家が含まれる狭い範囲のスポットではなく、南杉田地区二・五キロメートル四方に広がるホットエリアであることがわかってきた。

木村さんは渡邊さんの家のほかにこのエリアでさらに二軒の家の土を採取し、長崎大学に送った。その結果は、セシウムの合計が一平方メートルあたり五二万ベクレルと一平方メートルあたり五九万ベクレルで、どちらも五〇万を超える高い数値だった。土壌の調査からも、面として高濃度の汚染が広がっていることが確認された。

メッシュ地図完成

市内四七二ヵ所、四日間でのべ八八八人の職員を動員した測定は無事終わった。

二本松市の放射能汚染地図は、誤差を補正するなど数値の解析を行ったあと、市内全域の土壌一メートルの空間線量率を色分けして表示し完成、市民に公表された。

黄色で示された二マイクロシーベルト以上のエリアは南杉田以外にも、原発に近い東側の山林と、市の南部の住宅地に点在していた。

市民の悲鳴のような声を聞きながら、地図づくりに奔走した二本松市の職員たち。

彼らもまた原発事故の被害者であることに変わりはない。市役所は毎時一マイクロシーベルトを超える場所にあり、自宅の放射線量がさらに高い人もいる。家族もまた被ばくしている。

竹内さんは、私にこう訴えた。

「この現状を多くの人に知ってほしい。そしてみんなで考えてほしい。市町村のレベルで解決できる問題じゃないですよ。いったいどれだけの人がどれだけ被ばくし続けているのか。三ヵ月以上たって被害の実態が概算ですらわかっていないんですから。こんなことってありますか」

「避難したほうがいいぐらい高い線量だってわかってどうします？　東電からも国からも何の支援も補償もないのに、無理に引っ越ししてその先どうします？　職を失って生活できなくなったら逆に悲劇ですよ。どうしたらいいんですか？」


問題は汚染地図を公表したその後だ。不安に駆られた住民から、さらに多くの苦情や対応を求める声が殺到するだろう。除染を行うにしても、そのノウハウがないし、人手や費用、廃棄物の置き場など解決しなければならない問題が山積している。これもまた市が独自に考えて対応しなければならないのか……。

市の職員たちは心底困り果て、頭を抱えていた。

ホットスポットに住む家族の被ばく量を測定

いったん東京に帰った私の耳に、「被害の実態が概算ですらわかっていないのだ」という竹内さんの言葉が響いていた。「泣きながら電話がかかってくるんですよ」とも言っていた。原発事故がもたらした〝被害〟とは何か？　よく考え直す必要があるのではないか。きっとこう考えるべきなのだ。

放射線のせいで病気になって初めて被害が発生するのではない。被ばくさせられていること自体がすでに被害なのだ。空から降ってきた放射性物質のせいで無理やり被ばくさせられているのだから、少し考えればごく当たり前の話だとわかる。しかし補償問題が絡むため、被ばくそのものを被害と捉える発想は東京電力や国からは出てこない。そしてわれわれメディアの人間も、避難した人だけが被害者だという考えを無批判に受け入れてきたのではないか……。

国際的に受け入れられている放射線防護の基本的な考え方は、被ばくは少なければ少ないほどいい、無用な被ばくはできるだけ避けるべきだ、というものだ。安全と危険の境目はないのだ。だとすれば国がやるべきことは、年間二〇ミリシーベルトで線引きすることではなく、妊婦や子どもたちを優先的に守る被ばく低減策を早急に実施することのはずだ。それがいまだになされていない……。

まずは被害の実態、つまり、「どれだけの人が、どのくらい被ばくしているのか」を明らかにすることが大切だ。誰かがそれをやらなければならない……。

すでに木村さんは二本松市の内部被ばく調査に協力するなど、住民の被ばく実態の解明に動き出していた。その木村さんと次の取材の方向性について話し合い、結論が出た。

二本松で見つかったホットエリア、南杉田地区。そこで住民がどの程度のリスクにさらされているのか、一人ひとりの被ばく量を実際に測ってみる。測らなければわからないのだから。

外部被ばくは携帯型の積算線量計を渡して計測してもらえばいい。内部被ばくは、岡野眞治博士がチェルノブイリで使った測定システムが有効だ。さまざまな放射性物質を区別して測ることができる岡野さんのスペクトロメーターはホールボディカウンターとして使うこともできるのだという。岡野さんに現地に持ってきてもらい測定することにした。これで、外部被ばくと内部被ばくの両方を測ることができる。

被ばくを測る1　渡邊さん一家

七月中旬、木村さんとわれわれは再び二本松市を訪れた。

向かったのは南杉田地区の渡邊丑一さん宅。メッシュマップの測定のとき、妊娠中の女性がいたあの家だ。彼女とお腹の子どもがリスクにさらされている。最も優先度が高い。

木村さんは、毎時二マイクロシーベルトを超える場所では住民の一時的な避難を検討すべきだと考えていた。まずは専門家として、そのことを伝えなければならない。

渡邊家はご主人の丑一さん（四五歳）が長距離トラックの運転手をしていて不在だった。妻の敦子さん（四六歳）が応対してくれた。

木村さんは、市のメッシュ調査で娘さんが家にいるときに空間線量率の測定をしたこと、庭の土壌を採取させてもらったことを話し、お礼を述べた。そして本題を切り出す。

「ここは実は放射線量が高いんです。避難の必要があるかもしれません。被ばくが積み重なるほど将来ガンになったりするリスクが高くなります。ですから今どのぐらい被ばくしているのか測らせてほしいんです。まずは一週間、家族みなさんの被ばく量を測定し、それをもとに対策を考えましょう」

敦子さんは「調査していただけるのはとてもありがたいことです。ぜひ受けさせてください」と即座に提案を受け入れてくれた。

敦子さんは、市の測定数値を聞き近所の人とも話をしていて、このあたりがいわゆるホットスポットであることはすでに知っていた。しかし、それがどんな危険を自分たちに及ぼすものなのか、具体的にイメージしかねていた。二本松は地震の被害も少なく、浜通りの被災者を受け入れていたので安全な場所なのだと思っていたし、自分たちが被ばくしていることを知ったのはかなり後なのだと話してくれた。

「震災後三日ぐらいは停電でテレビを見ることもできなかったんです。東京にいた友だちが大変なことになっているよと電話で教えてくれてはじめて原発の事故のことを知ったぐらいで……」

用意した携帯型の積算線量計を渡し使い方を説明する段になって、敦子さんは二人の娘を部屋に呼び入れた。驚いたことに長女の理紗さん（二三歳）が赤ちゃんを抱いて現れた。二週間前の七月一日に生まれたばかりだという。名前は遙生《はるき》くん。無事に生まれ健やかに育っている様子だった。次女の麻理さん（二一歳）もいっしょに説明を聞くことになった。

毎日朝起きたときに数字を記録、リセットしてゼロからまた測りなおす。どこに出かけたかの行動も毎日ノートに付け、それを一週間繰り返す。

理紗さんと遙生くん、妹の麻理さん、両親の丑一さんと敦子さん、祖父の功さん（六九歳）と祖母のフク子さん（七〇歳）。一家七人の調査が翌日から始まった。

渡邊さん一家の外部被ばく

家族の行動は一人ひとり違い、それによって被ばくする量も変わってくる。

たとえばフク子さんは、毎日五、六時間を家の近くの畑で過ごしている。畑は家の中より線量がかなり高く、フク子さんの線量計は測定初日だけで合計一六マイクロシーベルトを記録した。

功さんも草刈りや農作業で外にいる時間が長く、初日の被ばく量は一四マイクロシーベルトだった。

丑一さんは長距離トラックの運転手でほとんど家にいることはない。測定初日の行き先は仙台と盛岡、いずれも県外で、ほとんどの時間を車の中で過ごしたため被ばく量は五マイクロシーベルトと少なかった。

敦子さんも勤めに出ていて日中は家にいない。しかし休みの日も仕事の日もあまり変動はなく一日一〇マイクロシーベルト前後を記録していた。

麻理さんは外出しがちで日によって線量が大きく変動した。反対に理紗さんと遙生くんは一日中二階の部屋にこもりっきりだ。しかし外に出掛けていないのに、母親とほぼ同じ一日一〇マイクロシーベルトを記録していた。理紗さんのアパートがある矢祭町は二本松よりかなり空間線量率が低い。敦子さんは早くアパートに帰したほうがいいのではと思いつつも、産後の肥立ちを考えると当初の予定どおり八月のお盆過ぎまでは家でめんどうをみてあげたいと思う気持ちもあり、迷っていた。

一週間後、調査結果が出た。

被ばく量がいちばん多かったのはフク子さんで一〇二マイクロシーベルト。次が功さんの八一マイクロシーベルトだった。一日中家にいる理紗さんと遙生くんは一週間で六四マイクロシーベルトと、外に出かける麻理さんや敦子さんとあまり変わらない結果となった。このままの被ばく量が一年続いたとすると、単純計算で年間被ばく量は三・三ミリシーベルトになる。これは法律に定められた一般人の被ばく限度量、年間一ミリシーベルトの三倍で、けっして見過ごすことのできないレベルだった。

内部被ばくを測る　岡野博士の簡易型ホールボディカウンター

被ばくのリスクを総合的に評価するには、外部被ばくだけでなく、体の内部にとりこんだ放射性物質の影響、すなわち内部被ばくも考えなければならない。

内部被ばくの測定は、岡野さんが開発した測定器を空間線量の低い岳温泉に持ち込んで実施した。チェルノブイリでも活躍した簡易型のホールボディカウンター。その原理はこうだ。

検出器をお腹に抱え込み放射線量を測ると、ビデオ画面に放射性物質の種類を表すスペクトルとその強さが表示される。そこから体に当てないときのバックグラウンドを引き算すると、体の中にある放射性物質の量が算出できる。今回は体の中のセシウム合計量を求め、それがすべて体外に排出されるまでの被ばく量を計算する。岡野さんは測定の不確かさを考慮して、数値を大きめに計算する方式を採用した。

渡邊さん一家の長女、理紗さんも検査を受けた。その結果は、九・三マイクロシーベルトと出た。今後新たにセシウムを取り込まなければ、これが今後理紗さんの受ける内部被ばく量のすべてということになる。母乳の検査もしたが、セシウムはごく微量しか検出されず、その影響は無視していい値だとわかった。遙生くんにとっては、一週間で六四マイクロシーベルト、一年たてば三・三ミリシーベルトという外部被ばく線量のほうが、より深刻であることが判明した。

被ばくを測る2　鈴木さん一家

木村さんは、もう一軒、南杉田の子どものいる家を選び計測を依頼することにした。乳幼児と違い、小学生や中学生の行動範囲は広い。生活パターンが違う学童期の子どものリスクは、また別個に評価する必要があるからだ。

協力してくれることになったのは、中学一年生の兄・皓大君（一二歳）と小学四年生の妹・穂乃香さん（一〇歳）の二人の子どもがいる鈴木和夫さん一家だ。市のメッシュ調査で空間線量が毎時二・三二マイクロシーベルトと高い数値を記録していた。

父親の和夫さん（四五歳）は、早くから知り合いに線量計を借り、家の周りの数値が高いことを知ったため、自分で玄関前の芝を剝がし畑に埋めたという。そうしたところ線量は少し下がった。しかし今回また市の調査で高い値が出たため、これ以上どうしたらいいのかと気持ちが落ち込んでいた。

家は新築して間もないのでローンがたくさん残っている。避難する経済的な余裕はとてもない。子どもたちは事故の後も外に出て遊んでいた。将来子どもが病気になったらどうしようと心配でたまらないのだという。

木村さんは皓大君と穂乃香さんに一週間線量計を携行してもらい外部被ばくを測定するとともに、岡野さんのホールボディカウンターで二人の内部被ばくも測定した。

その結果、外部被ばくは皓大君が一週間で七三マイクロシーベルト。穂乃香さんは六五マイクロシーベルトという結果が出た。皓大君は野球部に所属しグラウンドで練習や試合をする。穂乃香さんはバスケットボール部なので練習は体育館の中だ。部活動の違いが二人の被ばく量の違いとなって表れたと考えられる。

兄と妹の違いは、内部被ばくではもっとはっきりと出た。

内部被ばくは皓大君が五九・三マイクロシーベルト、穂乃香さんは三三・二マイクロシーベルト。皓大君のほうがグラウンドにいて土ぼこりを吸った分、高くなった可能性がうかがえる。

渡邊さん一家の赤ちゃんと、鈴木さん一家の二人の子どもたち。被ばく量調査の結果からは、当面は内部被ばくより外部被ばくのほうがより深刻で、このままの状態が続くと子どもたちの外部被ばく量が年間三ミリシーベルトを超えてしまうということがわかった。

木村さんは、子どもの被ばくリスクは大人の三倍高く見積もらなければならないと考えている。そうするとこの値は大人の被ばく量でいえばおよそ一〇ミリシーベルトに該当する。これは木村さんにとって、とても見過ごすことができない数値だった。

鈴木さんの苦悩

七月下旬、木村さんは被ばく調査の結果を伝え、どう対処したらいいのかいっしょに考えようと、それぞれの家を再び訪ねた。

鈴木さんの子どもたちの数値を詳細に見て木村さんが気づいたのは、学校へ行っているときも休みで家にいるときも同じようにほぼ毎日一〇マイクロシーベルト前後の外部被ばくをしているということだった。自宅での被ばくが意外に大きいのかもしれないと木村さんは考えた。

一〇歳と一二歳の成長期の子どもが毎日一〇マイクロシーベルト、一ヵ月で三〇〇マイクロシーベルトの被ばくをしてしまう。これはけっして低い値ではない、と木村さんは和夫さんに伝えた。

この外部被ばくをなんとかしなければいけない。避難するのが難しいとすれば、家の除染をして在宅中の被ばくを減らすしかない。木村さんは、芝生を自力で剥いだ鈴木さんに、二階のベランダのタイルをブラシで擦り水で洗い流すことを勧めた。しかし本格的に除染を行うには、家の周りの広い範囲で土を削ったり木を切り倒したりしなければならない。鈴木さんは、それはとても自力では無理だという。経済的な補償が得られる見込みもない中で、除染も、避難することもままならない。木村さんは、二本松市が住宅の除染を行うことも検討していると話し、市に協力しながらなんとか除染を実現していきたいという自らの思いを伝えた。

除染は木村さんにとっても未知の領域だった。目に見えない放射性物質をどうやって取り除いていくのか、それが簡単でないことはチェルノブイリでのさまざまな見聞を通して容易に想像がついた。生活を維持しながら避難することができればいいが、多くの人にとってそれは簡単ではない。子どもたちを被ばくからどう守っていくのか。木村さんにとっても出口の見えない日々が続いていた。

渡邊さんの意を汲み除染を決断

渡邊さんの家では、二階の部屋に一日中いる理紗さんと遥生くんがほぼ毎日一〇マイクロシーベルトの被ばくをしていた。あらためて部屋の線量を測ってみると毎時一・二マイクロシーベルトと他の部屋より高い数値だった。内部被ばくは理紗さんが家族の中でいちばん低く、いまのところ心配ない。問題は、敦子さんが望むように理紗さんと遙生くんがあと半月、お盆まで実家で過ごしていても大丈夫かどうかという点だった。

木村さんが心配したのは、現在の被ばく量よりも、震災以後の理紗さんの被ばく総量だった。中通りを放射性雲が襲った三月一五日以降、理紗さんは線量の低い矢祭町のアパートと汚染レベルの高い実家を行ったり来たりしていた。その間にどのぐらいの被ばくをしたのかは正確にはわからない。お腹の赤ちゃんもいっしょに被ばくしたことを考えると、新たに加わるリスクは可能な限り低く抑えるべきだ。

木村さんは敦子さんにそのことを伝え、家族で話し合うようにアドバイスした。

敦子さんはうつむきながら静かに話し出した。

「いまの状態でいると、精神的なストレスを娘たちが感じているのがよくわかるんです。この取材を受けてから妹のほうは特に体調が悪くなっています。いままで知らなかったことを知って、不安がすごく大きいみたいです。自分も子どもを産むときにリスクを負わなければならないのかって。後で知るより前もって手を打てたほうがいいというのはよくわかりますし、ありがたいことだとは思うのですが……。穏やかに生活できたらいいなって、それだけなんです」

木村さんは、その気持ちを否定せず、そのまま受け止めてから決断を促す。

「事故前の生活に戻りたい、というお気持ちなんですね。でも何かを待っていたら結局手遅れになる可能性もあるので、私としては危険性に目をつぶることはできないのです。なってしまったものは受け入れざるを得ない。だからこそ非常に難しい。でも、できるだけご自分から意識的に動くことが大事なのだと思います」

敦子さんは、遙生くんの成長を家族みんなで見守ることができる生活を強く望んでいた。

「自分たちで何かやろうとしたら、てっとり早くできる除染って何ですか？」

「それは表層の土を剝ぐことです。セシウムはほとんどが地表から五センチメートルのところにあるので、土を五センチメートル剝げば、かなり線量は下がるはずです」

「自分たちで庭先の表土を剝いだら、また測りに来てくれますか？」

「もちろんです、僕は見捨てません。それが僕のやり方ですから」

「ありがとうございます。私は家族みんないっしょにいたいから、土を剝いででも測ってもらいたい。孫も外に出っぱなしじゃなくてこの家に戻ってきてほしいですし。私のわがままかもしれませんが……」

ちょうどこの頃、二本松市の三保恵一市長は、市が主体となって除染を進めることを表明し、住民との協議を始めていた。三保市長はわれわれの取材に対し次のように答えた。

「住宅、事業所、商店など一万戸以上で屋内と屋外の測定を行い、線量の高いところから優先的に除染をやっていく。究極的にはすべて除染します。本来は東京電力、国がやるべきだと判断しますが、その対応を待っているわけにはいかない。すでにこの放射能の中で、多くの人たちが被ばくしている状況ですので、市内の行政区、町内会の役員のみなさんと協議をしながら進めているところです」

市は除染の具体化に向け、どのようなノウハウや労力が必要なのか、木村さんにアドバイスを求めた。しかし木村さんにも除染の経験はない。市からの要請、敦子さんの強い思い。この二つを真剣に受け止めた木村さんは、ここで一つの決断を下し、市に伝えた。

「モデルケースとして渡邊さんの家で除染を試みたい。協力してください」

市は木村さんの提案を受け入れ、道具の手配や職員の動員を約束してくれた。

こうして二本松市で初めての除染実験が行われることになった。

懸命の除染実験

木村さんが考える除染の第一のポイントは、放射線量の徹底した測定だ。汚染が集中しているところを見つけ、そこをターゲットにすることで効率的な除染ができる。木村さんはまず家のまわりの空間線量率を細かく測り始めた（次ページ図A）。するると、家の裏手の放射線が毎時二・四マイクロシーベルトと他の場所よりも高いことがわかった。木村さんは家の中の各部屋の線量も測った。どの部屋が高いのか調べることで、外の除染のポイントを見極めることができる（次々ページ図B）。

家の中は、裏山に近い裏庭側の線量率が高く、さらに一階に比べて二階のほうが線量率が高いということが判明した。この結果から、裏庭の汚染が部屋の線量を高めていると考えられた。裏庭の土をすべて剝ぐことで、理紗さんと遙生くんの部屋の線量も下げられるはずだ。

図A 渡邊家周辺の放射線量

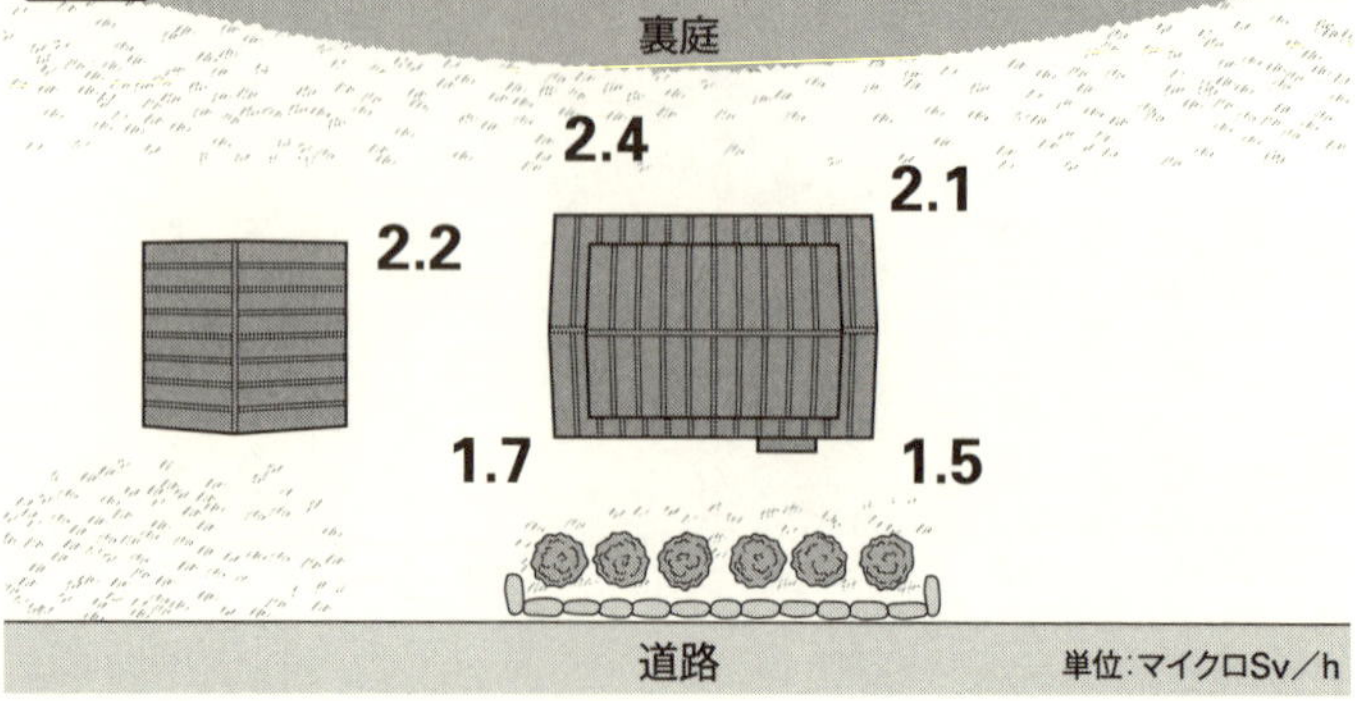

七月末、早朝から市の職員が渡邊さんの家に集まってきた。メッシュマップづくりに奮闘した生活環境課の面々だ。真新しいスコップと土のう袋を用意して、課長以下八人が休み返上で参加した。

木村さんと市にとっては、いかに効果的に線量を下げるかと同時に、除染にかかる労力と時間を確かめることも大事な実験の目的だ。まずは、家の前の砂利を手分けして剝ぐことにした。長崎大学の高辻研究室での測定で、セシウムの汚染は九九%が地表から五センチメートルのところにあることがわかっている。五センチメートル取り除くことを目標に、手分けして作業に取り掛かった。しかし硬くしまった砂利は剝ぎ取るのが容易ではない。家の前の砂利を一通り剝ぐのに、木村さんと市の職員、九人がかりでおよそ五時間がかかった。

いよいよ最も重要な裏庭の土に取り掛かる。木村さんがよく見るとそこには意外な汚染源があった。雑草が生えないように家のまわりにカーペットが敷かれて

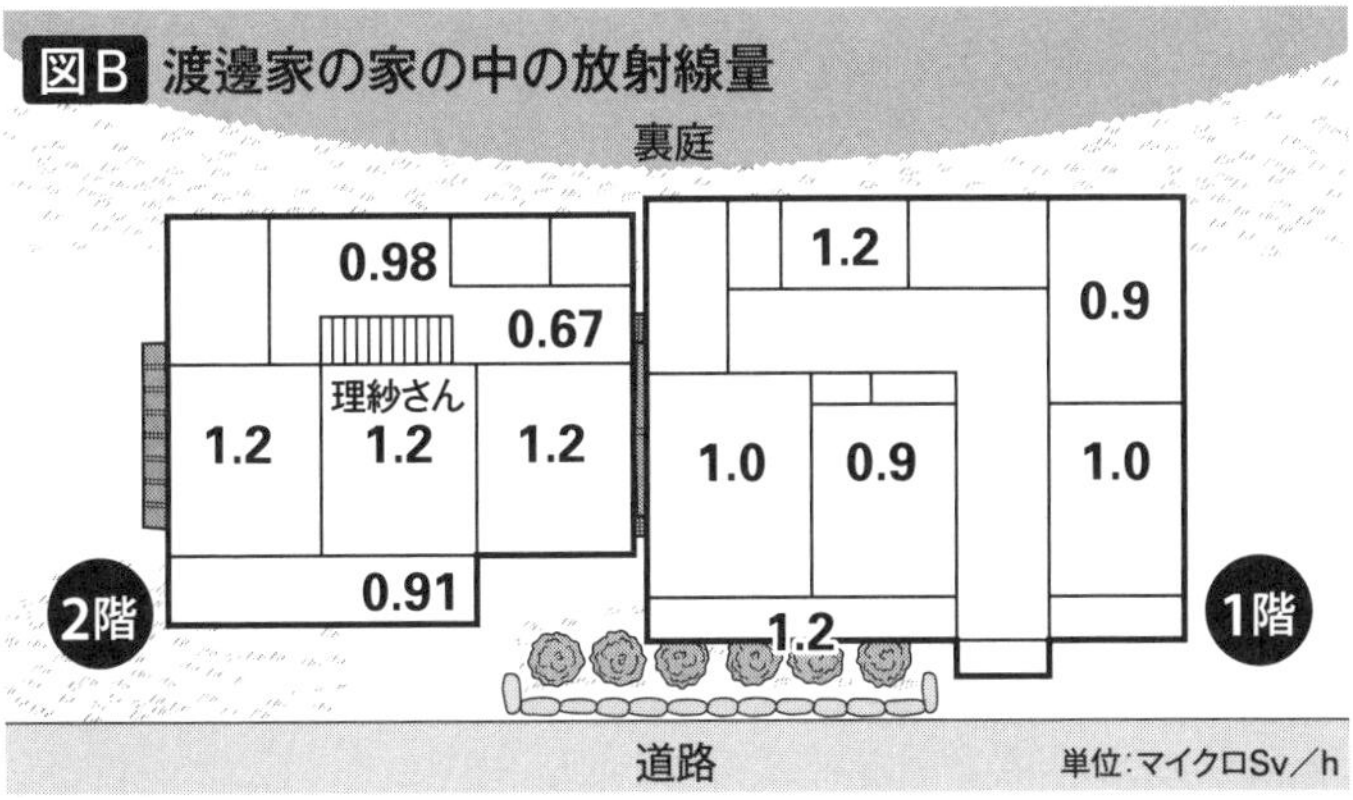

図B 渡邊家の家の中の放射線量

いたのだ。表面の線量を測ると毎時三・五マイクロシーベルトと高い値を示した。これを剝げばかなり線量が下がるはずだ。案の定木村さんがカーペットを剝がして測定すると毎時二・一マイクロシーベルトと、およそ一マイクロシーベルトは下がることがわかった。カーペットが大量の放射性物質を吸収していたのだ。渡邊さんの一家が総出でカーペットを剝ぎ除染を一気に進めることができた。しかし裏庭の土はまだかなりの面積が手付かずのままだった。この日は砂利に手こずり、これで作業を終了。日を改めて再開することにした。

六日後、今度は木村さんと渡邊さんの家族だけで除染を再開した。

この日裏庭では、祖母のフク子さんと母親の敦子さんが大活躍。賢明に土を剝ぎ土のう袋に詰めていた。フク子さんの願いは、ひ孫が帰ってこられる家にすること。遙生くんの顔を見られない日が一日でもあるとつらいのだという。日が暮れるまで二人は黙々と作業を続けた。しかし結局裏庭の土は、五人がかりで八時間かかっても六割ほどしか剝ぎ取ることができなかった。

取り除いた土や砂利は、およそ四トン。土のう袋で四〇〇にもなった。それらはすべて祖父の功さんが少し離れた場所にある家の休耕田に運んで仮置きをした。

木村さんは、二階の部屋の線量を高くしている原因は、裏庭以外にもあると見ていた。屋根だ。

かつて職を失ったとき、木村さんは塗装工を一年半ほどやっていたことがある。高いところは慣れたものだ。幅広のズボンに足袋、頭には鉢巻きを巻いて腰に安全ベルトを締める。木村博士はかつての職人の姿に変身し、立てかけた梯子を上り屋根に上がった。

二階の壁や屋根の瓦には、細かい土の粒子や塵が汚れとして付着している。放射性物質はそこに結合したまま、少々の雨が降っても下に流れ落ちてこないのではないかと木村さんは推測した。

まずは理紗さんと遙生くんの部屋のベランダと外壁をブラシでこすり、水で洗い流す。屋根にあがって瓦についた汚れを高圧洗浄機で落としていく。

もうひとつ二階の屋根の除染ポイントがある。それは雨どいだ。雨どいにもところどころに土の塊が溜まっていた。降り注いだ放射性物質はこうした土にくっつき蓄積されている。見つけた雨どいの土の塊に線量計を近づけると毎時一一・七マイクロシーベルトと高い数値を示した。

屋根の除染を終えるのに八時間がかかった。

まるまる二日がかりで除染の実験が終わった。

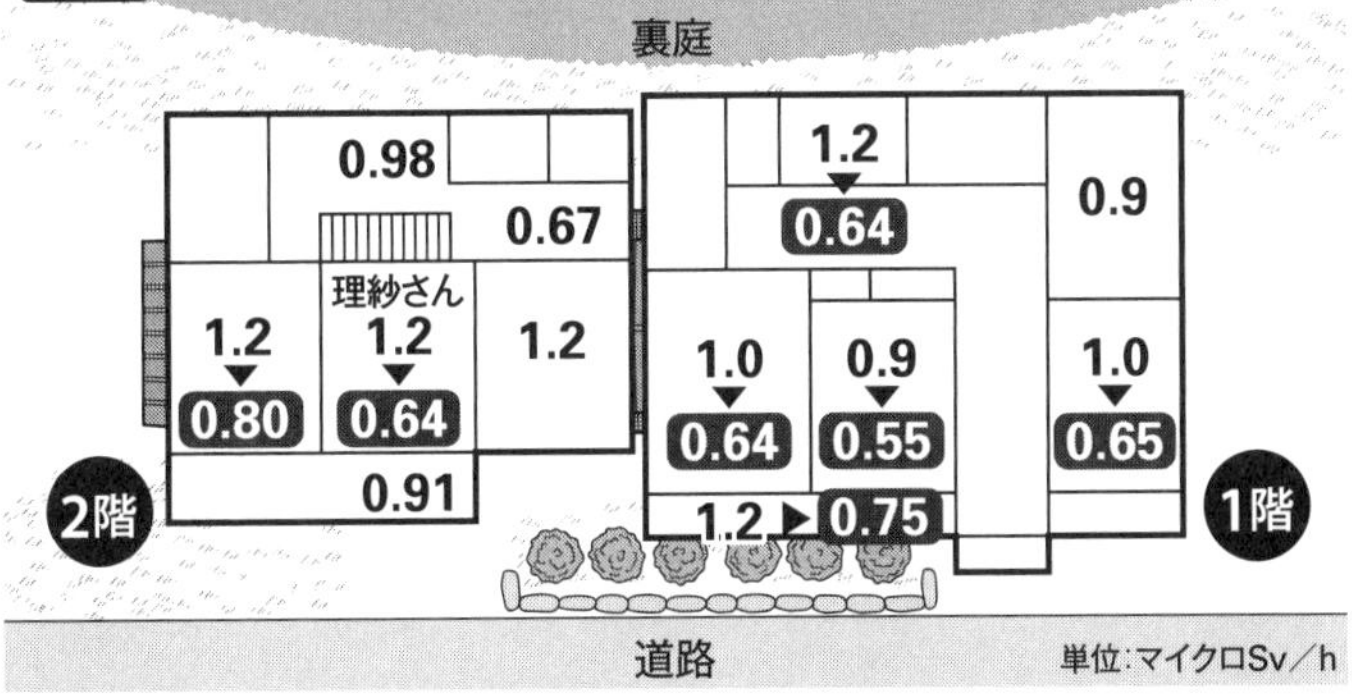

図C　除染前と後の渡邊家の家の中の放射線量

木村さんがもういちど家の中の線量を測る。すると除染前に毎時一・二マイクロシーベルトだった祖父母の部屋は、〇・六四マイクロシーベルトに下がっていた。同じく毎時一・二マイクロシーベルトだった二階の理紗さんと遥生くんの部屋も、〇・六四マイクロシーベルトに下がっていた。除染の効果は表れていた（図C）。

木村さんの声が思わず少し上ずる。

「本当にうれしいです。僕も初めてだったんで、とにかく一生懸命やりました。いま見たら半分ぐらいまで落ちている。これは勇気を与えてくれる結果ですね。お盆まであと一〇日ぐらいですが、それぐらいなら理紗さんと赤ちゃんはここでゆっくりしていてもいいと思いますよ」

木村さんは不確実さを孕む被ばくのリスクと遥生くんの成長に影響を与える家族の精神的な安定度を秤にかけて伝えた。

敦子さんがお礼を述べる。

「私一人でやっていたら絶対に挫折していました。重たいし、暑いし。誰も帰ってこられない家になったらつらいというばあちゃんの言葉で私もがんばろうって思いましたね。みなさんに助けてもらって、本当にありがとうございました」

もちろんこれで被ばくがゼロになったわけではない。しかし、出口の見えない迷路に迷い込んだまま何もしないよりは、少しでもこの家族に希望を与えることができればそれでいいのではないか。除染と避難は決して二者択一の選択肢ではない。木村さんはおそらくそう考えていたのだと思う。

住民の立場に立って

その後、二本松市には、新たに「放射能測定除染課」が新設された。除染実験に加わったメンバーが中心となって除染計画を策定し、除染を進めようとしている。

また内部被ばくの継続的モニタリングのため、木村さんが所属する獨協医科大学国際疫学研究室の分室を二本松市内に設け、ホールボディカウンターを設置、木村さんのサポートで市民の測定を始めた。二本松市と木村真三さんの挑戦は、いまも続いている。

正確に言うと、日本に除染の専門家はいない。チェルノブイリとは気候も土壌も風土も違う。私たちは未曾有の経験をしているのだ。福島では、除染が手付かずのまま避難することもできず、何万人もの人々がいまも被ばくし続けている。

三保恵一市長は訴えている。

「原発事故は天災ではなく人災であります。農業、商工業、観光等、被った損害を東京電力・国が責任を持って賠償する事。放射性物質の除染、中間貯蔵施設、最終処分場の設置。子どもや市民の健康対策。また、市民のみなさんが見えない放射能の恐怖に怯えながら生活を余儀なくされております。精神的苦痛や一時避難も含め、市民一人ひとりに東京電力・国が責任をもって損害賠償、補償することを求めてまいります」（市長からの手紙・第六四号）

国は除染のための予算を一兆円確保するとしている。しかし、国が明確な責任を認め主体となって除染するのは避難区域に限られる。その外側には、放置され被ばくを続ける中通りの人々がいる。自力で除染せよと言われ、被ばくが毎日積み重なる現状は変わっていない。

まるで国は、事故を起こし被害を発生させたことではなく、強制的に避難させたことに対してだけ責任を取ると言っているかのようだ。

避難区域とその外側。この理不尽な線引きを国はまずやめなくてはならない。

それにしても放射線による被ばくを、当事者の立場に立って「被害」として捉えることがどうしてこれほど難しいのか。住民の立場に立ったとき、それは容易なはずだ。木村さんに導かれて取材した二本松市での拙い取材経験から、私はそれは確信を持って断言できる。

インタビュー 3

木村真三博士に聞く・後編

『ネットワークでつくる放射能汚染地図』は、日本中に大きな反響を呼んだようでしたが、福島県内のそれは他の地域とは比較にならないほどだったようです。

　同時に、僕個人に対して、地元の住民の方や自治体からさまざまな協力要請がなされるようになりました。

　一つはいわき市北部の山間にある志田名・荻地区です。いわき市はその大半が福島第一原発の三〇キロメートル圏外に位置していますが、この志田名・荻地区は三〇キロメートル圏の内側に位置しています。

　風評被害を恐れたためでしょう。いわき市は事故後まもなく市内の安全宣言をし、県も田畑の作付け制限を受けませんでした。

　しかし志田名・荻地区の方々が独自に放射線量を調査したところ、明らかに高い線量が計測されました。

事前にその情報が寄せられていたので、ETV特集の調査の際にすでに僕はこの地区を訪れていました。そこで僕が持参した精度の高い線量計で測ってみたのですが、やはり相当な線量が記録されました。驚くべきことに、チェルノブイリで「緊急避難措置」がとられた区域に匹敵する線量を示す場所もあったのです。

この不幸な結果に、志田名・荻地区の人々は我慢を強いられました。周囲の地域が田植えをしているのを横目に、今年の作付けを控えたのです。つらい決断だったと思います。でも、田んぼに水を張ると、表土に付着している放射性物質が下流域に流れ出し、他の地域に迷惑がかかるかもしれないと悩み、考え抜いた末の行動だったんです。

地域の住民の方々が団結し、厳しい状況に立ち向かおうとしていました。以来、僕はこの地に何度も足を運ぶようになりました。

その後、志田名・荻の人々は農地の除染に向けて、ベースとなる汚染マップを自分たちの手で作成しています。僕はその作成法についてアドバイスはしましたが、僕自身が作業に携わることは極力控えています。

僕一人ができることは限られています。地域の人々が放射線に対する正しい知識を身につけ、自らの頭で判断し、行動する。それがこれからの福島の人々に必要な態度なのです。それに志田名・荻地区の取り組みが成功すれば、これを一つのモデルケースとして他の地域に移植することもできると思います。その意味では、志田名・荻の人々はきわめて重要な作業をしておられます。

同じような考えから、僕は郡山市で市民科学者育成のための勉強会を開いています。福島市や二本松市と同じ中通りに位置し、当初予想された以上に放射線量の高い郡山の住民の方からの要望が強かったからです。

ただ、線量が高いと言っても日常生活が送れないような量ではありません。市民が協力して地域の線量を測り、周辺よりも高い線量のポイントがあれば情報を共有し、専門家に連絡する。そのうえで必要だと判断されればそこではじめて除染活動を行えばいい。

市内全域の表土を取り除いたり、全戸の屋根や壁を高圧洗浄機で洗い流したりするのは現実的ではありません。市民一人ひとりが少しずつ努力を重ねることで、以前の生活を取り戻すことができるのです。

二本松市は、ETV特集の放送直後から、市長の三保恵一さん自ら僕にアプローチしてくれました。三保市長と面会し意気投合した僕は、二本松の住民の方々の内部被ばく調査から始まり、汚染マップづくりの指導や高線量地域の除染活動にまで携わるようになりました。

当初、二本松での内部被ばく調査で活躍したのは、岡野眞治先生作製の簡易型ホールボディカウンターでした。コンパクトな装置であり、精度も〝それなり〟と思われがちですが、検出器である金属棒をお腹で抱え込むようにして計測するこの装置は、精度も非常に高く、身体に取り込まれた核種も識別することができる優れものです。岡野先生はチェルノブイリにもこれを持ち込み、地元住民の内部被ばく調査に使われました。それだけ実績のある装置なのです。

この装置のおかげで、二本松でも正確な情報を住民の方々に伝えられた。だから検査を受けた方々は、冷静な対応を取ることができたと思っています。

それにしても、岡野先生は本当にすごい人です。放射線計測学の分野では、僕にとって岡野先生は絶対的な存在の方です。そのくらい尊敬しています。一緒に仕事をすればするほど、その凄さをまざまざと見せつけられる存在です。

時折「放射線測定についてはまだまだ勉強不足ですね」と窘《たしな》められます。僕はあえて「先生、僕は放射能計測学が専門じゃありませんよ。医学が専門ですからね」と言うんですが、すぐ忘れてしまうみたいです。

こうして福島県内での活動量が増えていく中で、僕は一つの決意を固めました。〝福島に住もう〟という決意です。

僕はチェルノブイリの被ばく調査を主要な研究テーマにしてきましたが、残念なことですが、福島もまた今後何十年にもわたって調査し続けなければならない土地となりました。だったら、活動拠点を福島に移し、そこをベースに県内各地の調査に乗り出すほうが何かと都合がいい。

それから実は、僕の義父の実家は会津地方のある町にあります。僕もなんども訪れた場所で、言ってみれば第二の故郷のような土地です。

その慣れ親しんだ土地の調査を継続的に行うことはもとより、いわき、郡山、二本松などの市民が、自分たちの力で放射能汚染と闘おうという気運が盛り上がってきています。その活動を、なるべく近くにいて支援したいと思っています。

汚染調査のドタバタの中、僕は再就職先を決めていました。獨協医科大学国際疫学研究室の准教授です。

この獨協医科大学が、二本松市に分室を設置することになり、僕はそこの室長になりました。ここを拠点にして、二本松の人々の内部被ばくを引き続き調査する態勢が整いだしました。内部被ばく調査に必要なホールボディカウンターは、国立病院機構弘前病院が寄贈してくれました。不要になったホールボディカウンターの引き受け先を探していたところ、僕の活動を知り、「この人になら託してもいい」と思ってくださったそうです。僕個人でいただくわけにはいかないので、二本松の三保市長と連絡を取り、二本松市で引き受けてもらうことにしました。それを分室に隣接する形で二本松市放射線被ばく測定センターに設置したのです。

また郡山市には僕の親戚が世話役となってＮＰＯを設立する計画もあります。二本松の分室では大学の職員としての活動となりますが、郡山のＮＰＯは大学が定めた枠にとらわれない活動をしていこうと考えています。

「あとがき」に代えて

七沢　潔

番組放送の二日前、岡野眞治博士が完成させた「放射能汚染地図」を手にすると、放射線量に応じて赤、オレンジ、黄、緑、青の五色に色分けされた小さな玉が数珠のように連なる幹線道路沿いの汚染の様が目に飛び込んできた。そのとき、なぜか私には、それが何者かの「巨大な手」が福島の大地に爪をたて、引っ掻くようにして刻んだ傷跡から、血が滲み出ている光景に見えた（巻頭カラー図1参照）。

そして八九分に及ぶ番組の最後を、私は「ついこの間まで豊かな実りの中で命がつながってきた大地、そこに刻まれた、放射能の爪あとです」というコメントで締めくくった。

「巨大な手」の正体は定かには見えない。

事故を起こした東京電力なのか、その背後で原子力推進を図ってきた政府や巨利を得てきたプラントメーカー、ゼネコンなどの原子力関連産業なのか、はたまたリスクを地方に背負わせながら、その犠牲を見て見ぬふりをしながら、大量の電力消費の恩恵を享受してきた企業や都会の消費者たちなのか……。

一方大地に刻まれた傷はその後、じわじわと耐え難い痛みを被災した人間と社会にもたらしている。それは、最初は避難から取り残された動物たちとの生き別れ、死に別れとして、次には何世代にもわたって築いた大地の上での生業も生活も奪われて流浪する苦しみとなって表れた。彼らの多くは家族ばらばらに見知らぬ土地へと四散させられ、仕切りもない体育館で数ヵ月、後には冬の寒さが身にしみる仮設住宅での生活に追いやられている。仕事もなく、壁が薄いため十分なプライバシーも保てないなかで毎日を過ごすうちにストレスは募り、日中から飲酒して、体調と日常を崩す人も多くなったという。

放射能に汚染された彼らの故郷は最近になって政府から長期にわたり帰還が困難な地域、短期間で帰還が可能になる地域などの色分けをされ、帰還をあきらめ新天地で再出発することや、「除染」に帰還の希望を託すことなどが取り沙汰されているが、確かな未来はいまだ見えない。

原発事故の被災者は当初、「警戒区域」や「計画的避難区域」など政府が決めた避難地域からの脱出を余儀なくされた八万五〇〇〇人といわれたが、実際はこの二倍以上の人々が生活環境を変えざるを得なくなった。五月の番組で紹介した原発から六〇キロメートル離れた福島市や郡山市、シリーズ化した『ネットワークでつくる放射能汚染地図』の第三回「子どもたちを被ばくから守るために」(八月二八日放送)の舞台となった二本松市やいわき市などから、放射線の影響を受けやすい子どもを抱える家族が、東京や北海道、遠くは沖縄など県外に続々と「自主的」に避難していった。夫は福島に残り、妻が子どもを連れて避難するケースも多く、家庭の不和も懸念される。彼らの地元は政府の決めた「避難区域」でないため、賠償交渉が行われても今のところ不十分な額しか得られないでいる。

「自主」避難ができずに地元に残る人々も、ところによっては毎時一から二マイクロシーベルトという高い線量域での暮らしを強いられ、「除染」を希望しているが、政府は支援を約束するものの、実施は実行力にばらつきのある地元自治体に委ねられている。チェルノブイリ周辺の国で法律上認められる「避難の権利」を導入し、「自主」避難するものにも地元に残るものにも、同等に賠償を受ける権利や、学童の「集団疎開」を求める動きもあるが難航している。

放射能の爪あとは、農業者や漁業者にも容赦ない痛みをもたらしている。三月には比較的汚染の少ない須賀川の野菜農家が風評被害による出荷拒否を苦にして自殺、その後椎茸や牛肉、秋には米からも基準値を超える放射能が検出され、出荷停止に追い込まれる農家や地域が続出した。また仮に出荷されても首都圏のスーパーで福島産の食品が安値にもかかわらず大量に売れ残る事態が続く。

一一月末に放送したシリーズ第四回「海のホットスポットを追う」（岩田真治・田容承ディレクター）で紹介した福島の漁業者の窮状も深刻だ。事故後福島第一原発から一五ペタベクレル、一京《けい》五〇〇〇兆ベクレルという途方もない量の放射能が太平洋に放出されたといわれるが、原子力安全・保安院の広報官は当初記者会見で「放射能は潮流で拡散し、希釈される」と語っていた。その後四月に北茨城でコウナゴから基準値の二倍にあたる一キログラム当たり四〇八〇ベクレルの放射性ヨウ素が検出されると、国はサンプリングで基準値を超える放射能が検出された場合に限って、その魚種の出荷と摂取の制限を指示するようになった。だが水産庁も福島県も今に至るまで漁業者に全面的な禁漁を指示していない。

これに対し漁業者たちは、仮に漁獲して市場に出荷しても、その後高い放射能値が検出されれば、たちまちすべての魚種が出荷拒否となる危険があると判断、組合をあげて操業を自粛してきた。まもなく一年になる操業自粛期間中、漁業者たちの収入は時折行われる海のガレキ撤去と魚のサンプリング調査に従事する日当だけ。補償金の発生を恐れてか禁漁を指示せず、さりとて安全宣言も出さない行政への不信感が募っている。

番組では岡野博士と取材班の独自調査によって放射能は沿岸の海底に堆積し、ホットスポットのような放射能のたまりが出現していること、それが沿岸流という海流にのって南下していることもわかった。さらにこの「放射能たまり」の中には、福島、栃木、群馬の山間部にできた放射能汚染地帯から雨で流れ出た放射性物質が川に入り、やがて海へと運ばれて形成されたものもあることが指摘された。福島一県に留まらず、岩手、宮城、新潟、茨城も含む東日本一円に放射能は拡散し、雨や雪によって土壌を汚染、そこで育つ農産物に入り込み、さらには川を伝って各地の海を汚染、それが魚介類に入り込んで消費者の食卓を脅かす「魔のサイクル」が現れてきたのである。これは広大な平野部で起こったチェルノブイリ原発事故では見られなかった、狭い土地に急峻な山と森、川が連なり、魚を多く食べる日本独特の放射能汚染禍の様相である。海に流れ込む放射能はこれから陸地での除染活動が本格化するとさらに増大すると予想されている。

文部科学省が公表した放射能汚染地図は、二〇一一年末現在、西は岐阜県、東は岩手県までに留まり、日本全土の放射能汚染の実態はまだ明かされていない。この先西日本や北海道の思いもよらぬところでホットスポットが発見される可能性も否定できない。

他方、すでに明らかになったのは、炉心溶融による放射能放出事故を想定していなかった政府は、放射能汚染もまた事故以前には想定しておらず、住民への避難の指示から、情報公開、食糧汚染のコントロールまで対策が当初から後手に回ってきたことだ。そこにはできるだけ補償金を値切ろうとする怜悧な役人根性も見え隠れする。その結果、多くの市民は行政への信頼を失い、自ら放射線測定器を購入して自衛を始めた。その広がりは福島や北関東のみならず宮城や千葉、東京、神奈川にも及び、汚染を発見した市民によって地元自治体が突き動かされ、学校の校庭の除染や学校給食の食材の測定を求める動きも出ている。

福島原発事故による放射能汚染は、ガンなど発病が将来に持ち越される病気が出る以前に、すでに身を切る「痛み」を多くの人々にもたらしたのである。

同時に、放射能が大地に刻んだ爪あとは、その広がりが確認されるにつれ、少なくとも東日本の市民の意識に揺さぶりをかけ続け、一〇月に行われたＮＨＫの全国世論調査ではいまも八割を超える人々が「原発事故が不安」と答え、七割の人々が「国の安全管理は信頼できない」と回答した。政治家や「御用学者」による「安全・安心」キャンペーンにもかかわらず、確実に日本人の意識の深層に、事故以前にはけっして戻れない、強烈な不協和音をもたらしたのである。

私たちが作ったＥＴＶ特集『ネットワークでつくる放射能汚染地図』は事故後硬直していた社会の意識に風穴をあけ、市民が汚染を意識する流れを生み出す第一歩となったといわれる。放送翌日だけで一〇〇〇件をこす再放送希望の電話やメールが殺到し、ＮＨＫオンデマンドでは大河ドラマを凌ぐリクエストが集中したことがそれを物語る。作品としての評価も高く、これまでに日本ジャーナリスト会議（ＪＣＪ）大賞、石橋湛山記念・早稲田ジャーナリズム大賞、文化庁芸術祭大賞などを受賞した。

私はこの番組はタイトルに表したとおり、様々なネットワークに支えられて制作され、放送に漕ぎ着けられたと考えている。一番目は本書でも紹介した「科学者たちのネットワーク」である。事故後上司による統制に反発して、研究所の職を辞してまで福島の現地調査に飛び出した木村真三さんと、木村さんの呼びかけに応えてサンプルの解析をかって出た京都大学、広島大学、長崎大学の研究者たち。そして独自に開発した測定記録装置を携え、高齢を押して福島入りした岡野博士。彼らの高い志と行動力なくしてこの番組はできなかった。

「行政がやらないのならば、自分たちで調べて公表する」

ポスト・フクシマの市民社会の「常識」となったこの行動原理は、科学者たちと私たち取材班の共同作業が発火点となって広がった、というと手前味噌すぎるだろうか。

二番目は私や大森淳郎に深い影響を与えてきた（番組）制作局の旧教養番組部ドキュメンタリー班の伝統、いわば「縦のネットワーク」である。それは、初めて水俣病の実態を報告し、その原因に言及した番組を制作した小倉一郎を祖とする制作者グループである。小倉は、日本最初のテレビ・ドキュメンタリー番組『日本の素顔』（一九五七〜一九六四年）というシリーズのなかで『奇病のかげに』（一九五九年放送）という番組を制作、初めて水俣病の実態を報告した。小倉は戦後日本の高度経済成長がもたらす社会のひずみを、それが押しつけられる社会的弱者の側に立って見つめようとするドキュメンタリストだった。そして私たちがそうしたように、まだ病名すらない頃に、夜行列車を乗り継いでいち早く水俣に入り取材した。

小倉のマインドは、小倉が創始した人間を通して社会を描くドキュメンタリー番組『ある人生』（一九六四〜七一年）班に集った作り手たちに受け継がれた。工藤敏樹は特集ドキュメンタリー『廃船』（一九六九年放送）で、アメリカによるビキニの水爆実験で被ばくした第五福竜丸の乗組員たちの声を聞きながら、東京・夢の島に棄てられるに至った船の数奇な歴史を描いた。相田洋は核戦争がもたらす世界の破壊を、徹底した科学の目と独自に開発した特撮技術で描くNHK特集『核戦争後の地球』（一九八四年放送）を制作、イタリア賞グランプリをはじめ四つの賞を受賞した。ちなみに相田の作ったドキュメンタリー『メッシュマップ東京』（一九七四年放送）という番組は、地価の上下動や人口や事故件数の増減などを切り口に作られたメッシュマップを使って巨大都市・東京の構造を重層的に描いたが、地図のもつプラットホーム機能とテレビ表現の親和性を実証した点で、私たちの番組『ネットワークでつくる放射能汚染地図』の制作手法上の源流だったともいえる。

そして工藤の影響を受けた桜井均はNHK特集『ミクロネシア・さまよえる楽園』（一九八六年放送）で、アメリカの核実験のモルモットとされた南太平洋の島民たちの苦渋の歳月を描き、NHKスペシャル『埋もれたエイズ報告』（一九九四年放送）では、一五〇〇人の薬害エイズ患者が生まれる背景に厚生省が情報を知りながら血液製剤の販売禁止措置をとらなかった「不作為」があったことを告発した。

工藤敏樹は一九九二年に自らがガンで死去する前年に、『廃船』の取材以来二〇年以上にわたって親交を結んできた第五福竜丸の乗組員、大石又七さんの自叙伝の刊行をプロデュースしたが、その本をもとに永田浩三と東野真がNHKスペシャル『又七の海』(一九九二年放送)を制作した。東野はまたアメリカから日本への原子力技術の供与の舞台裏を描いたスクープドキュメント『原発導入のシナリオ』(一九九四年放送)を制作、番組はフクシマ後再び脚光を浴び、いまNHKオンデマンドで見ることができる。

私が取り組んだチェルノブイリ事故などの原発関連番組は、「公害」や「核」をテーマとして営々と作られてきた、こうした先輩たちの仕事に影響を受けている。同時にその視点、まなざしもまた権力に踏みにじられた人々の側に立ってきた小倉一郎以来の教養ドキュメンタリーのマインドを踏襲している。そこには一九六〇年代末、長崎の反戦運動に関わったことで九州に二〇年間留め置かれ、その後小倉と工藤に見出されて東京の教養グループに移り、晩年に至るまで「三鷹事件」「帝銀事件」など戦後の冤罪事件を番組化し続けた、私の師・片島紀男の、「小さな人々」への思いが重なる。ETV特集『ネットワークでつくる放射能汚染地図』の発想と成り立ちの背景には、この見えない「縦のネットワーク」の存在があったのである。

三番目は「視聴者のネットワーク」である。第三章で大森が記した通り、局の取材規制を越えて行動していた私たちは、それが発覚してから局内で大バッシングされ、放送の先行きすら危ぶまれる苦境に陥った。その状況を打開したのが、メールやツイッターなどインターネット上を駆け巡った「情報」だった。危機感を共有する人々への宣伝効果があってか、四月三日に放送した

ETV特集『原発災害の地にて――対談　玄侑宗久・吉岡忍』は一・八パーセントというETV特集としては高い視聴率を獲得、特に高線量地域と知らずに取り残された赤宇木集会所の人々を描いた場面は、それまでテレビで映されなかった被災地のリアリティを伝えたと評価された。その結果、それまで私たちの行動を非難していた局幹部の態度が変わり、『ネットワークでつくる放射能汚染地図』の制作に正式にゴーサインが出たのだ。同じことは五月一五日の放送前後でも起こった。今度は前回にも増して、多くの人々が直接NHKにアプローチして放送内容を絶賛し、熱烈に再放送希望を伝えた。

こうしたネットを媒体として自ら発信し、情報を伝えあう視聴者の行動が、取材規制を作った幹部や、必ずしも番組内容を良しとしない内部からの異論を封じ込んだ格好になった。放送法で「何人の介入も受けない」とうたわれながらも、幾度か政治権力による圧力を受けてきたテレビが、その桎梏を抜け出て、ジャーナリズムとしての独立性を保つためにも、また公共放送としての自らの立ち位置を確認する上でも、これからはネット上の市民社会との連携が重要なのだと、私自身、あらためて実感した。

ところでこの本では、通常の番組本では書かれない機微な舞台裏も描かれている。それはNHKという組織内の状況もふくめ、番組が制作され、放送にまで至ったプロセスを描かなければ、原発事故直後、日本中が「金縛り」にあったかのような精神状況、メディア状況下で作られた番組のメイキング・ドキュメントにはならない、と思ったからである。あれだけの事故が起こっても、慣性の法則に従うかのように「原子力村」に配慮した報道スタイルにこだわる局幹部、取材規制を遵守するあまり、違反者に対しては容赦ないバッシングをし、「彼らは警察に追われている」「自衛隊に逮捕された」など根も葉もない噂を広げた他部局のディレクターや記者たち。彼らはそのルールが正当であるのか否かを、自らの頭で考えようとはしなかった。有事になると、組織に生きる人々が思考停止となり間違いを犯すことも含めて描かなければ、後世に残す3・11後の記録とはならないと考えたのである。

最後に本書では紹介できなかった番組編集スタッフ、西條文彦、佐藤友彦、青木孝文の昼夜分かたぬ労に感謝したい。またナレーターの鹿島綾乃、音響効果の日下英介の番組への多大な貢献も銘記しておく。また、私を気持ちよく取材現場に出してくれた放送文化研究所の岩澤忠彦前所長、原由美子前部長にもお礼申し上げる。

原発に批判的な報道がタブー視された「フクシマ以前」では考えられなかったことだが、いまや若いディレクターたちが先を競うように『ネットワークでつくる放射能汚染地図』の提案を出し、シリーズを継続しようとしている。第四作『海のホットスポットを追う』に続いて五作目、六作目が制作されている。

それは放射能汚染の実態から目を逸らさずに、ポスト・フクシマの日本社会のゆくえを見つめ続けることを意味している。そしてその認識のさらなる深化によってのみ、放射能汚染の現実を超えて、新たな時代の扉を開くことができる、私はいま、そう信じている。

二〇一二年一月五日記

●執筆者プロフィール

増田秀樹（ますだ・ひでき）
1963年岐阜県生まれ。1988年NHK入局。ディレクターとして歴史ドキュメンタリーを制作。プロデューサーとして『その時歴史が動いた』等を担当した後、2009年からETV特集の制作統括。ETV特集『日本と朝鮮半島2000年』でギャラクシー賞特別賞受賞、NHKスペシャル『密使若泉敬　沖縄返還の代償』で文化庁芸術祭大賞受賞。

七沢　潔（ななさわ・きよし）1、2、4章担当
1957年静岡県生まれ。1981年NHK入局、ディレクターとして原発、沖縄などをテーマに番組を制作、現在放送文化研究所・主任研究員。著書に『原発事故を問う』『東海村臨界事故への道』（ともに岩波書店）、論文に「テレビと原子力」（『世界』2008年７～９月号）など。

大森淳郎（おおもり・じゅんろう）3、7章担当
1957年埼玉県生まれ。1982年NHK入局、ETV特集を中心にドキュメンタリー番組を制作。『ひとりと一匹たち　多摩川河川敷の物語』『戦争とラジオ』などを制作。著書に『BC級戦犯 獄窓からの声』（共著、日本放送出版協会）。現在、大型企画開発センター・チーフディレクター。

石原大史（いしはら・ひろし）5章担当
1978年福島県生まれ。2003年NHK入局。現在、制作局文化・福祉番組部ディレクター。手掛けた主な番組にETV特集『カネミ油症事件は終わっていない』、ETV特集『“さよなら”を言う前に～わが子の「脳死」と向き合った家族』、NHKスペシャル『飯舘村～人間と放射能の記録』など。

梅原勇樹（うめはら・ゆうき）6章担当
1979年大阪府生まれ。2001年NHK入局。京都放送局を経て制作局文化・福祉番組部ディレクター。手掛けた番組にNHKスペシャル『真珠湾の謎～悲劇の特殊潜航艇』、ETV特集『イスラム激動の10年～“エジプト革命”』など。

渡辺　考（わたなべ・こう）8章担当
1966年東京都生まれ。1990年NHK入局。福岡放送局、ミクロネシア連邦ヤップ放送局、ETV特集班などを経て、現在大型企画開発センター所属。著書に『最後の言葉』（重松清氏と共著、講談社）、『BC級戦犯 獄窓からの声』（共著、日本放送出版協会）など。

山口智也（やまぐち・ともや）9章担当
1964年北海道生まれ。1989年NHK入局。NHKスペシャル『埋もれたエイズ報告』（1994）の取材チームに加わって以来、ETV特集を中心に水俣病やハンセン病のドキュメンタリー番組を制作。近年担当した番組はETV特集『焼け跡から生まれた憲法草案』、ETV特集『吉本隆明　語る』、BSプレミアム『にっぽん縦断　こころ旅』などを制作。

ホットスポット
ネットワークでつくる放射能《ほうしゃのう》汚染《おせん》地図《ちず》

2012年２月13日　第１刷発行

著　者――NHK ETV特集《とくしゅう》取材班《しゅざいはん》

発行者――鈴木　哲
発行所――株式会社講談社
東京都文京区音羽2-12-21　郵便番号112-8001
電話　東京　03-5395-3522（出版部）
　　　　　　03-5395-3622（販売部）
　　　　　　03-5395-3615（業務部）
印刷所――慶昌堂印刷株式会社
製本所――株式会社若林製本工場

ISBN978-4-06-217390-2　N. D. C. 916　284p　20cm